# SPCS成本基本模型、案例造价分析及专家评审意见

三一筑工科技有限公司　著

中国建筑工业出版社

**图书在版编目（CIP）数据**

SPCS 成本基本模型、案例造价分析及专家评审意见/三一筑工科技有限公司著. —北京：中国建筑工业出版社，2019.7（2021.1 重印）
ISBN 978-7-112-23829-3

Ⅰ．①S…　Ⅱ．①三…　Ⅲ．①建筑工程-成本计算　Ⅳ．①TU723.3

中国版本图书馆 CIP 数据核字（2019）第 114564 号

责任编辑：王砾瑶　范业庶
责任校对：焦　乐

# SPCS 成本基本模型、案例造价分析及专家评审意见
三一筑工科技有限公司　著

\*

中国建筑工业出版社出版、发行（北京海淀三里河路9号）
各地新华书店、建筑书店经销
霸州市顺浩图文科技发展有限公司制版
北京建筑工业印刷厂印刷

\*

开本：787×1092毫米　1/16　印张：4½　插页：5　字数：81千字
2019年7月第一版　　2021年1月第二次印刷
定价：**35.00** 元
ISBN 978-7-112-23829-3
（34156）

# 本书编委会

主　　　任：唐修国

副　主　任：马荣全　陈　光　徐　鑫

成　　　员：汤丽波　张　猛　尹春侠　唐德娇

　　　　　　高欢欢

主要执笔人：汤丽波　张　猛　尹春侠　高欢欢

# 前　　言

经过近 60 年的发展，建筑业对生产方式进行变革的需求已经迫在眉睫，建筑工业化道路上的各类新技术层出不穷，却始终无法突破成本高昂这最后一公里桎梏。为了完美继承传统现浇体系结构最优、整体性好的优点，解决其现场支模、绑扎钢筋带来的多项难题，同时控制总体成本不上升，SPCS 结构体系应运而生。三一筑工秉承"让天下建筑更好更快更便宜"的企业愿景，研究出装配整体式混凝土叠合结构体系，SPCS 结构体系不仅继承了现浇混凝土的结构优点，还通过工业生产方式打破了现场支模、钢筋绑扎工序难以自动化的瓶颈，大幅缩短工期、降低人工成本，并减少环境污染、保障施工安全，是建筑行业的革命性创新成果。

三一筑工组织造价人员以山东禹城项目为例对 SPCS 结构体系进行成本测算及分析，同时对比传统现浇及传统装配式结构体系，用传统房建行业认可的成本测算方式，对其建筑单方造价进行了系统的对比测算分析，并邀请行业知名专家进行成果评审，真实展示 SPCS 结构体系"又好又快又便宜"的综合优势。

多位业内专家从工程量计算规则及清单计价规范应用的正确性、成本造价构成的合理性、与施工组织设计及施工方案结合的准确性等多个维度，对传统现浇、传统装配式及 SPCS 三种结构体系进行全方位审核。专家们提出了宝贵的意见并给出"SPCS 比传统装配式建筑便宜高于 150 元/m² 的结论，标志着建筑工业化最后一公里被成功突破。装配式建筑将不再依赖国家政策支持，市场力量由此驱动建筑行业在工业化道路上飞速前进。

由于时间仓促，书中难免有不足之处，欢迎业界人士多提宝贵意见，共同推动天下建筑更好、更快、更便宜！

# 目　　录

# 第1章 定　义

（1）现浇结构体系（cast-in-place concrete structure）：现浇混凝土结构的简称，指在现场原位支模并整体浇筑而成的混凝土结构体系。

（2）装配式结构体系（prefabricated concrete structure）：装配式混凝土结构的简称，是以预制构件为主要受力构件经灌浆套筒连接而成的混凝土结构体系。

（3）装配整体式钢筋焊接网叠合混凝土结构体系（sany prefabricated concrete structure，以下简称SPCS）：全部或部分抗侧力构件采用钢筋焊接网叠合剪力墙、叠合柱的装配整体式混凝土结构，简称叠合结构。包括装配整体式叠合剪力墙结构、装配整体式叠合框架结构、装配整体式叠合框架-剪力墙结构和装配整体式叠合框架-现浇核心筒结构。

（4）装配率（assembly rate）：指装配式建筑室外地坪以上的预制构件、装配式内外围护构件、工业化内装部品的体积或面积占该部分总面积的比率。

（5）预制率（prefabricated rate）：指装配式建筑室外地坪以上的预制构件、装配式内外围护构件、工业化内装部品的混凝土用量占对应构件混凝土总用量的体积比。

（6）预制功效（prefabricated efficacy）：每人每天生产构件的数量。

（7）预制空心墙构件（precast hollow wall panel）：由成型钢筋笼及两侧预制墙板组成，中间为空腔的预制构件（图1-1）。

（8）预制夹心保温空心墙构件（sandwich insulation precast hollow wall panel）：由成型钢筋笼及两侧预制墙板组成，中间空腔包含保温层，通过拉结件将内、外页板可靠连接的预制构件（图1-2）。

（9）叠合剪力墙（composite shear wall）：简称"叠合墙"。预制空心墙构件现场安装就位后，在空腔内浇筑混凝土，通过必要的构造措施，使现浇混凝土与预制构件形成整体，共同承受竖向和水平作用的叠合构件。其中采用预制夹心保温空心墙构件的叠合剪力墙称为夹心保温叠合剪力墙。

1

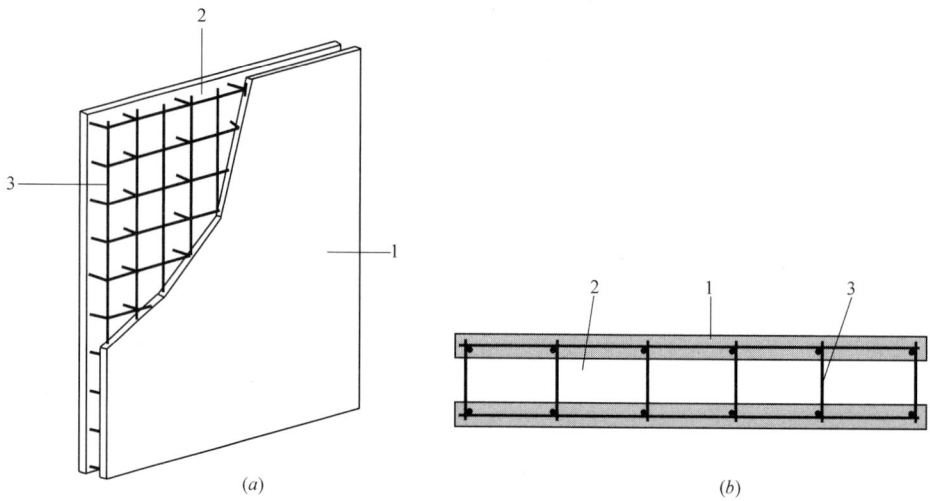

图 1-1　预制空心墙构件

（*a*）预制空心墙构件三维图；（*b*）预制空心墙构件剖面图

1—预制部分；2—空腔部分；3—成型钢筋笼

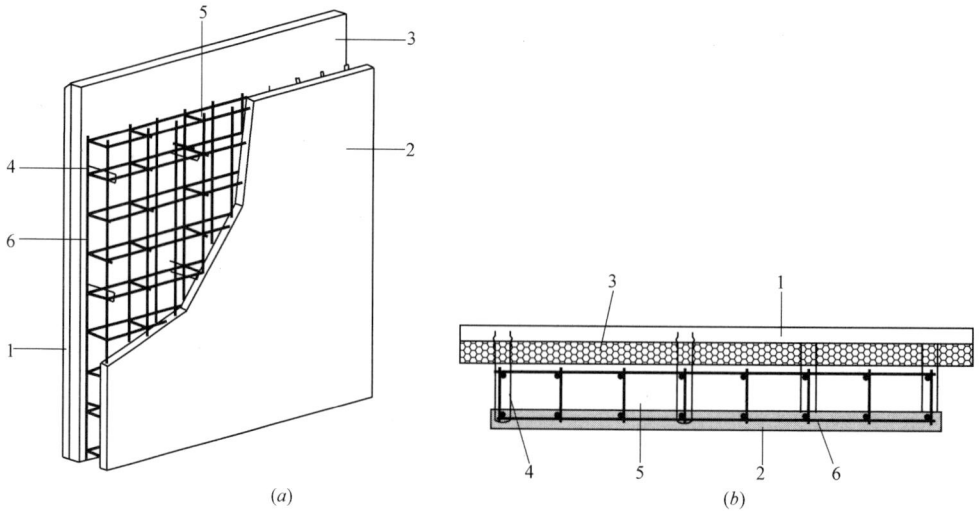

图 1-2　预制夹心保温空心墙构件

（*a*）预制夹心保温空心墙构件三维图；（*b*）预制夹心保温空心墙构件剖面图

1—外页板；2—内页板；3—保温层；4—拉结件；5—空腔部分；6—成型钢筋笼

（10）预制空心柱构件（precast hollow column）：由成型钢筋笼与混凝土一体制作而成的中空预制构件（图 1-3）。

$(a)$                    $(b)$                    $(c)$

$(d)$

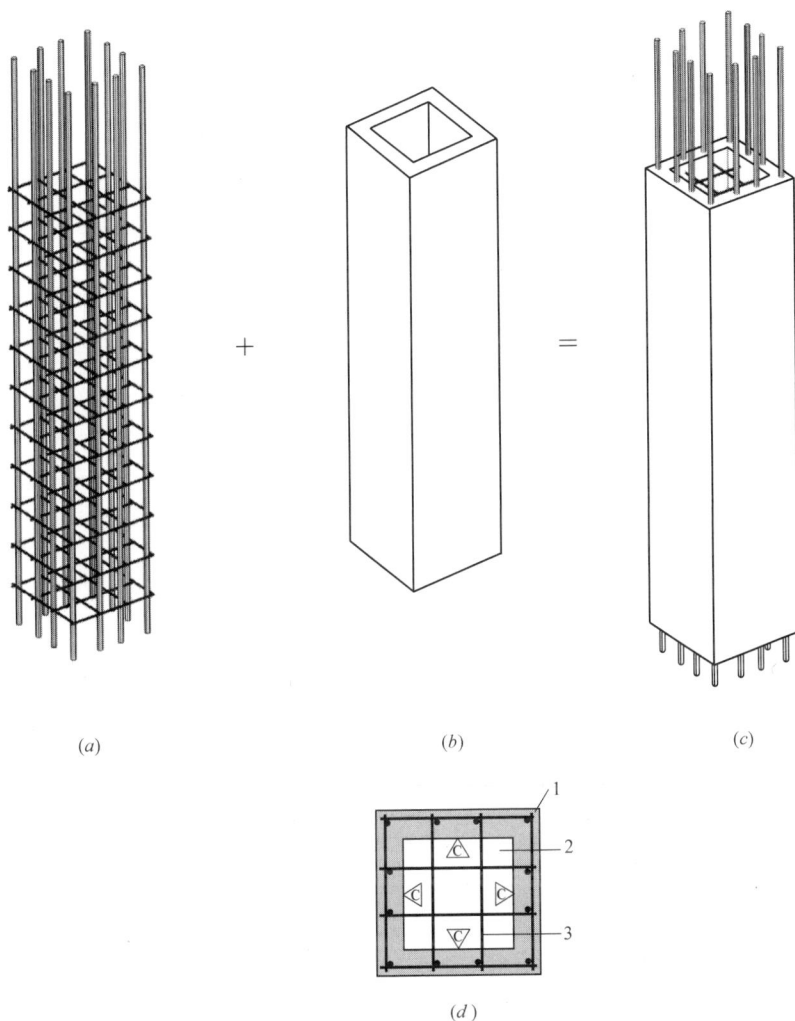

图 1-3  预制空心柱构件

$(a)$ 成型钢筋笼；$(b)$ 预制柱壳；$(c)$ 预制空心柱构件三维图；$(d)$ 预制空心柱构件剖面图

1—预制部分；2—空心部分；3—成型钢筋笼

　　（11）叠合柱（composite column）：预制空心柱构件现场安装就位后，在空腔内浇筑混凝土，并通过必要的构造措施，使现浇混凝土与预制构件形成整体，共同承受竖向和水平作用的叠合构件。

　　（12）叠合梁（composite beam）：由成型钢筋笼与混凝土一体制作而成，在现场后浇混凝土形成整体，包括矩形叠合梁、U 形叠合梁及双皮叠合梁（图 1-4）。

　　（13）叠合楼板（composite floorslab）：由底层的预制部分与上层的现场

现浇部分组成的整体受力钢筋混凝土楼板，包括预制混凝土叠合板、预应力混凝土 SP 板（图 1-5、图 1-6）。

图 1-4　叠合梁构件

图 1-5　叠合板构件

图 1-6 预应力空心板（SP 板）

# 第 2 章　SPCS 技术简介

装配式建筑是国家推广建筑工业化的主要手段，其中钢筋混凝土装配式建筑是我国应用最普遍的装配式建筑形式。

装配整体式钢筋焊接网叠合混凝土结构体系，简称 SPCS，是三一筑工科技有限公司自主研发的钢筋混凝土装配式结构体系。该体系包含创新的叠合墙、叠合柱构件，配合叠合梁、叠合板，可以构建剪力墙、框架、框架-剪力墙结构，实现了住宅、办公、商业等大众化建筑形式的全覆盖。

该体系具有如下创新性优势：

结构性能高：未采用灌浆套筒技术，采用"预制空心构件＋连接钢筋＋现场现浇混凝土"的方式，实现竖向构件间简便可靠的连接，质量安全可控；竖向构件内核现浇，形成连续混凝土界面，结构整体性好，并解决了装配式建筑易开裂、防水性能差等质量通病；大量权威机构试验证明，该体系具有与现浇结构相同的受力性能和破坏模式，可采用与现浇结构等同的方法进行设计。

工业化率高：配套三一快而居自主研发的 PC 构件生产装备和流水线，可实现设计模型驱动装备自动化加工钢筋、自动拆布模、自动布料，节省工厂人工；叠合构件预制部分既参与受力又兼做模板，可减少大量现场人工操作。

建设效率高：构件四面不出筋，便于工厂高效生产；构件质量轻，便于运输、吊装及安装；外墙构件包含保温及外页保护板，实现保温装饰一体化免外架施工；现浇段采用预加工钢筋笼，辅助定型可复用模具及安装装备，大幅提高了现场施工建造效率。

能源消耗低：大部分工作由现场转移到工厂，并且通过中央控制系统整体管控，可对建设能耗进行更有效的集约型管理。

材料消耗低：预制构件兼做模板，工厂生产及现场少量现浇段均采用可复用的定型模具，建设过程中模板材料的消耗完全消除；构件及钢筋笼均在工厂生产，可实现钢筋利用最大化，混凝土损耗最小化。

人工需求低：传统现浇结构现场需消耗大量人工操作的绑钢筋、支拆模板工作转移至工厂由机器自动完成，整体建设流程对于劳动力的需求大大降低。

三一筑工编制的协会团体标准《装配整体式钢筋焊接网叠合混凝土结构技术规程》T/CECS 579—2019（2019年6月1日起实施）可为SPCS结构的设计、生产、安装、验收全过程提供指导和依据。

SPCS体系总体建设流程分以下几个阶段：

## 2.1 设计阶段

采用三一筑工与北京构力科技有限公司共同研发的"SPCS＋PKPM"设计软件，设计院可实现全专业协同设计（图2-1）。

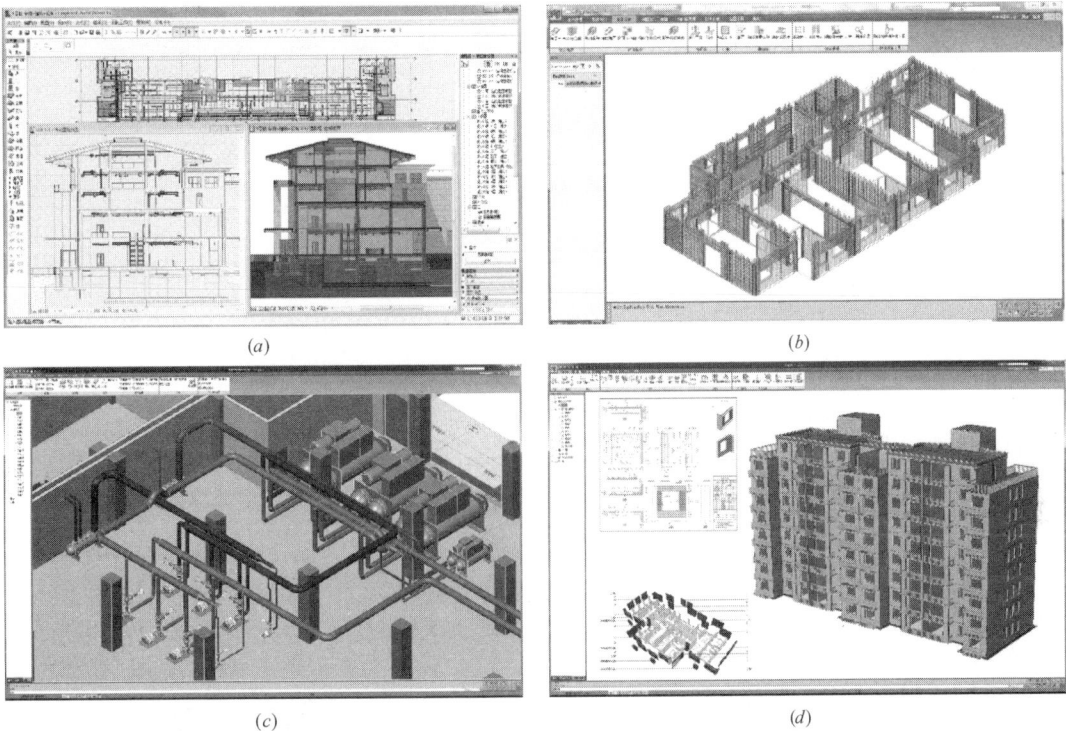

图 2-1 SPCS＋PKPM 软件各专业协同设计操作界面
(a) 建筑设计；(b) 结构设计；(c) 机电设计；(d) PC设计

其中结构专业建模、计算、设计、拆分、出图可便捷高效的在同一软件界面中操作完成，其成果可直接输出为工厂装备可识别的数据模型，驱动生产（图2-2）。

运用开放的 IFC、FBX 数据格式文件，SPCS＋PKPM 软件可实现与各类主流设计软件、工业控制软件的数据共享（图2-3）。

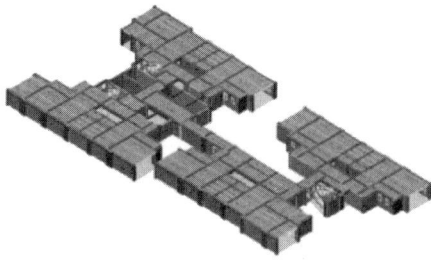
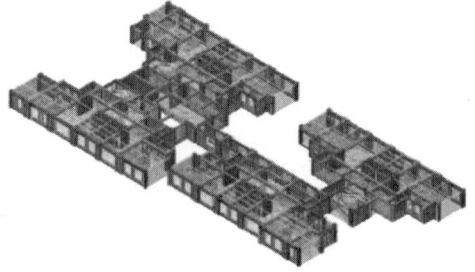

(a)                                                                                    (b)

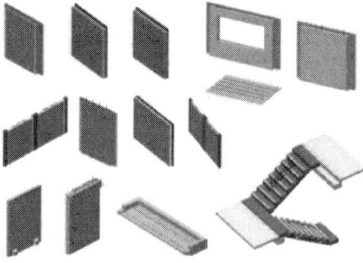
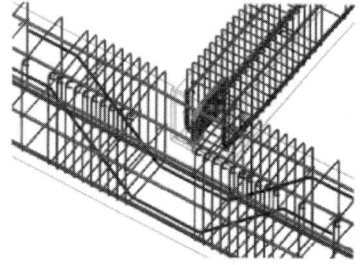

(c)                                                                                    (d)

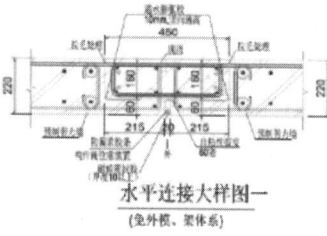
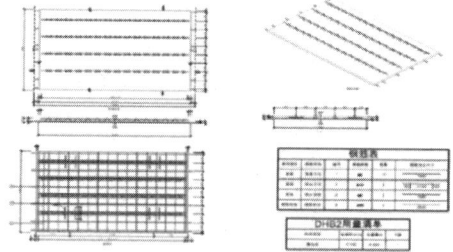

(e)                                                                                    (f)

图 2-2　SPCS＋PKPM 软件主要功能

(a) 构件自动拆分；(b) 结构计算及钢筋布置；(c) 构件深化设计；(d) 钢筋自动避让；
(e) 快速生产节点图；(f) 自动生成构件图

图 2-3　SPCS＋PKPM 软件支持的主要数据格式

## 2.2 生 产 阶 段

依据设计模型数据,三一快而居自主研发的相关生产装备可完成以下生产流程:

成套钢筋智能加工装备,可进行钢筋切割、弯折、焊接成网的全自动化生产(图 2-4)。

图 2-4 工厂自动焊接的钢筋网片和组装完成的墙体用钢筋笼

拆布模机械手可实现构件边模自动拆布(图 2-5、图 2-6)。

图 2-5 模具组装

图 2-6　钢筋与预埋件安装

激光融合质检系统可实现埋件高效高精度自动化检测（图 2-7）。

图 2-7　预埋件位置检测

智能布料装备进行自动化布料（图 2-8、图 2-9）。

图 2-8　混凝土布料

图 2-9　构件入窑养护

　　通过高精度叠合墙翻转设备，将出窑后的第一面混凝土墙板及钢筋笼压入第二面墙板中，再次入窑养护后形成叠合墙构件（图 2-10～图 2-12）。

图 2-10　第一面墙板翻转

图 2-11　与第二面墙板组合

图 2-12　叠合墙构件下线

## 2.3　现场施工阶段

构件在现场吊装就位，留设连接钢筋后，在空腔内浇筑混凝土，形成结构整体。配套三一筑工编制的《装配式整体叠合剪力墙结构施工工法》，可实现现场安全、有序、高效的标准化安装过程（图 2-13）。

图 2-13　装配式建筑施工现场总览

SPCS 结构体系现浇节点均采用预加工成型钢筋笼。现场施工将成型钢筋笼直接吊装就位，大大减少现场钢筋的绑扎与安装时间，同时大幅提升安装质量（图 2-14、图 2-15）。

图 2-14　工厂生产的成型钢筋笼

图 2-15 成型钢筋笼在墙体连接现浇段的现场安装

吊钩可视化技术可以将吊钩所吊构件视频实时传回塔机塔楼，塔司可实时了解所吊墙板、梁等构件状态，缩短吊装安装时间。同时提升预制构件安装的安全性（图 2-16）。

图 2-16 吊钩可视化

# 第3章 单纯模型测算——无门窗房屋

## 3.1 结构体系概况

结构体系概况见表 3-1。

结构体系概况 表 3-1

| 名称 | 传统现浇结构 | SPCS结构体系 |
|---|---|---|
| 内墙 | 200 | 50预制+100现浇+50预制 |
| 梁 | 200(宽)×500 | 200×350预制+200×150现浇 |
| 板 | 120 | 60预制+70现浇 |

（1）项目基本概况：建筑面积 $32.55m^2$，地上一层，钢筋混凝土剪力墙结构体系。

（2）测算标的：两种结构体系，分别为传统现浇、SPCS体系。

（3）图纸依据：沈阳三一设计院设计的现浇及 SPCS 结构图纸（图 3-1、图 3-2）。

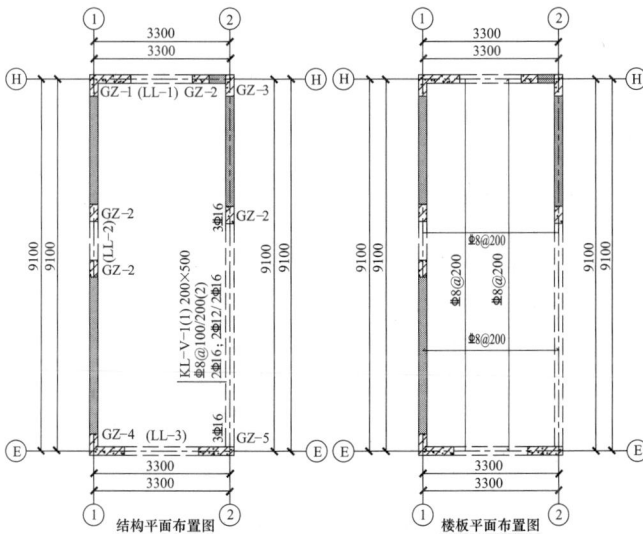

图 3-1 现浇结构布置图

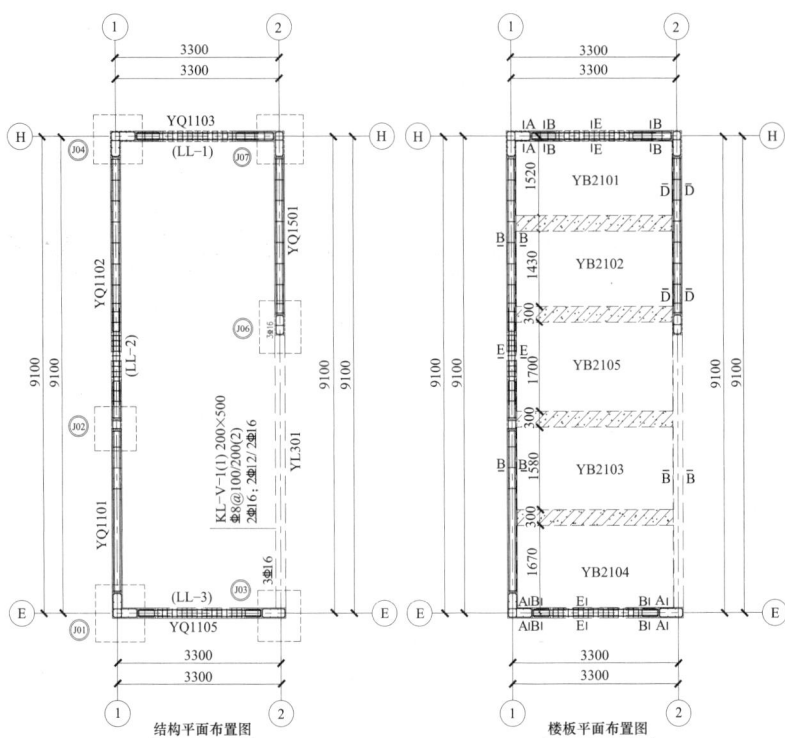

图 3-2 SPCS 结构布置图

## 3.2 计价依据

（1）2013 工程量清单计价规范及山东省建筑工程消耗量定额（2016）。

（2）现浇部分人工费按照山东市场价格计入；主要材料价格：现浇钢筋混凝土按山东禹城市场价格计算，其他材料价一律按市场价计入。

（3）管理费、安全文明费及规费未考虑，本次小房子测算只进行直接费比较。

## 3.3 工序分解

目的是通过现场施工的真实工序对应的直接费金额，倒推工厂预制构件的目标成本。经对传统现浇结构及 SPCS 现场施工部分进行工序拆分，目前现浇结构拆分为 24 道工序，SPCS 结构拆分为 19 道工序，其中有 10 道相同工序。现浇直接费金额 25684.43 元，SPCS 现场部分金额 14558.72 元，直接费差额 11125.70 元，差额部分为工厂预制构件金额，即 SPCS 等同现浇时工厂预制构件的目标金额（表 3-2）。

工序拆分直接费汇总分析 表 3-2

| 序号 | 名称 | 单位 | 现浇 | | SPCS 现场 | | 工厂部分 | | | |
|---|---|---|---|---|---|---|---|---|---|---|
| | | | 工程量 | 合价(元) | 工程量 | 合价(元) | 目标成本(元) | 实际成本(元) | 差额(元) | 元/m² |
| | 合计 | | | 25684.42 | | 14558.72 | 11125.70 | 12732.20 | −1606.50 | −49.35 |
| 一 | 人工 | h | 264.00 | 6600.00 | 128.72 | 3218.12 | 3381.88 | 4444.99 | −1063.11 | −32.66 |
| 1 | 钢筋用工 | h | 46.00 | 1150.00 | 30.30 | 757.55 | 392.45 | | | |
| 2 | 混凝土用工 | h | 10.00 | 250.00 | 8.10 | 202.50 | 47.50 | | | |
| 3 | 模板用工 | h | 113.00 | 2825.00 | 41.00 | 1025.00 | 1800.00 | | | |
| 4 | 脚手架用工 | h | 39.00 | 975.00 | 29.94 | 748.49 | 226.51 | | | |
| 5 | 放线用工 | h | 2.50 | 62.50 | 1.75 | 43.75 | 18.75 | | | |
| 6 | 吊装用工 | h | | | 17.63 | 440.83 | −440.83 | | | |
| 7 | 抹灰用工 | h | 48.50 | 1212.50 | | | 1212.50 | | | |
| 8 | 电工用工 | h | 5.00 | 125.00 | | | 125.00 | | | |
| 二 | 材料 | | | 16414.95 | | 8138.87 | 8276.92 | 8286.74 | −9.82 | −0.30 |
| 1 | 钢筋 | 元 | | 4939.91 | | 2742.75 | 2197.16 | 3188.19 | −991.02 | |
| 2 | 混凝土 | 元 | | 6650.07 | | 4011.59 | 2638.48 | 2640.00 | −1.52 | |
| 3 | 模板 | 元 | | 3018.92 | | 685.92 | 2333.01 | 496.27 | | |
| 4 | 抹灰 | 元 | | 1125.15 | | | 1125.15 | | | |
| 5 | 预埋电 | 元 | | 52.15 | | | 52.15 | 289.41 | | |
| 6 | 其他材料 | 元 | | 628.75 | | 698.61 | −69.86 | 166.48 | | |
| 7 | 水电气能耗 | 元 | | | | | | 580.70 | | |
| 8 | 成品运输 | 元 | | | | | | 933.10 | | |
| 三 | 机械 | | | 2669.00 | | 3202.09 | −533.09 | | −533.09 | −16.38 |
| 1 | 钢筋用机械 | 元 | | 107.82 | | 68.98 | 38.84 | | | |

| 序号 | 名称 | 单位 | 现浇 | | SPCS现场 | | 工厂部分 | | | |
|---|---|---|---|---|---|---|---|---|---|---|
| | | | 工程量 | 合价(元) | 工程量 | 合价(元) | 目标成本(元) | 实际成本(元) | 差额(元) | 元/m² |
| 2 | 混凝土用机械 | 元 | | 114.03 | | 70.58 | 43.45 | | | |
| 3 | 模板用机械 | 元 | | 11.82 | | 4.65 | 7.16 | | | |
| 4 | 塔吊 | 元 | | 2400.00 | | 3000.00 | −600.00 | | | |
| 5 | 墙和板支撑用机械 | 元 | | | | 57.87 | −57.87 | | | |
| 6 | 抹灰用机械 | 元 | | 29.82 | | | 29.82 | | | |
| 7 | 预埋电用机械 | 元 | | 5.52 | | | 5.52 | | | |

注：工序分解表详见附表1。

## 3.4 工序关键项目分析

### 3.4.1 人工费部分

（1）因现浇增加抹灰工序，人工用时增加48.5h。

（2）现浇模板工程量为129.69m²，SPCS模板工程量为25.35m²，差额为104.34m²，人工用时增加113−41=72h。

（3）现浇脚手架人工用时为39h，SPCS脚手架人工用时为29.94h，差额为9.06h。

### 3.4.2 材料费部分

（1）传统现浇抹灰部分为1100元，SPCS无此项费用。

（2）SPCS增加成品运输部分950元。

（3）SPCS现场模板量大大减少。

### 3.4.3 机械费部分

（1）主要差距为塔吊费用，SPCS所用塔吊型号为QTZ-80，单价为30000

元/月，即 1000 元/d；传统现浇所用塔吊型号为 QTZ63，单价为 24000 元/月，即 800 元/d。按 3d 工期考虑，差额为 600 元。

（2）SPCS 增加墙斜支撑。

（3）因为传统现浇钢筋混凝土工程量增加，导致机械费增加。

## 3.5　SPCS 结构体系工厂部分目标成本与实际成本总价对比

小房子测算见表 3-3。

小房子测算汇总表　　　　　表 3-3

| 序号 | 名称 | 合价（元） | | 构件单价（元/m³） | | 平米单价（元/m²） | | | 费率（%） | 备注 |
|---|---|---|---|---|---|---|---|---|---|---|
| | | 同现浇目标成本 | 当前实际成本 | 同现浇目标成本 | 当前实际成本 | 同现浇目标价格 | 当前实际成本 | 差额 | | |
| 一 | SPCS | 31999.49 | 34000.40 | 2291.57 | 2434.86 | 983.09 | 1044.56 | −61.47 | | |
| 1 | 直接费 | 25684.43 | 27290.45 | 1839.33 | 1954.34 | 789.08 | 838.42 | | | 包含脚手架、模板、塔吊的措施费用 |
| 2 | 管理费 | 1541.07 | 1637.43 | 110.36 | 117.26 | 47.34 | 50.30 | | 6.00 | (1)×费率 |
| 3 | 措施费 | 40.84 | 43.39 | 2.92 | 3.11 | 1.25 | 1.33 | | 0.15 | (1+2)×费率 |
| 4 | 安全文明施工费 | 1218.80 | 1295.02 | 87.28 | 92.74 | 37.44 | 39.79 | | 4.47 | (1+2+3)×费率 |
| 5 | 规费 | 605.31 | 643.16 | 43.35 | 46.06 | 18.60 | 19.76 | | 2.22 | (1+2+3)×费率 |
| 6 | 税金 | 2909.04 | 3090.95 | 208.32 | 221.35 | 89.37 | 94.96 | | 10.00 | (1+2+3+4+5)×费率 |
| 二 | 现浇 | 31999.49 | | | | 983.09 | | | | |
| 1 | 直接费 | 25684.43 | | | | 789.08 | | | | 包含脚手架、模板、塔吊的措施费用 |
| 2 | 管理费 | 1541.07 | | | | 47.34 | | | 6.00 | (1)×费率 |
| 3 | 措施费 | 40.84 | | | | 1.25 | | | 0.15 | (1+2)×费率 |
| 4 | 安全文明施工费 | 1218.80 | | | | 37.44 | | | 4.47 | (1+2+3)×费率 |
| 5 | 规费 | 605.31 | | | | 18.60 | | | 2.22 | (1+2+3)×费率 |
| 6 | 税金 | 2909.04 | | | | 89.37 | | | 10.00 | (1+2+3+4+5)×费率 |

单构件目标成本与实际成本对比见表 3-4。

**单构件目标成本与实际成本对比表**　　　　　　　　　　　表 3-4

| 序号 | 名称 | 目标单价<br>（元/m³） | 实际单价<br>（元/m³） | 差额<br>（元/m³） | 备　注 |
|---|---|---|---|---|---|
| 1 | 墙 | 2299.80 | 2558.53 | −258.73 | |
| 2 | 其他费用 | 538.04 | 598.57 | −60.53 | |
| 3 | 税金 | 459.53 | 511.23 | −51.70 | |
| 4 | 小计 | 3297.37 | 3668.33 | −370.95 | 另含管理费212元，摊销500元后，总价4368元，差额1197元 |
| 序号 | 名称 | 目标单价<br>（元/m³） | 实际单价<br>（元/m³） | 差额<br>（元/m³） | 备　注 |
| 1 | 板 | 1453.00 | 1794.55 | −341.55 | |
| 2 | 其他费用 | 339.93 | 419.84 | −79.91 | |
| 3 | 税金 | 290.33 | 358.58 | −68.25 | |
| 4 | 小计 | 2083.26 | 2572.97 | −489.70 | 另含管理费123元，摊销240元后，总价2994元，差额911元 |
| 序号 | 名称 | 目标单价<br>（元/m³） | 实际单价<br>（元/m³） | 差额<br>（元/m³） | 备　注 |
| 1 | 梁 | 1605.06 | 2045.26 | −440.20 | |
| 2 | 其他费用 | 375.50 | 478.49 | −102.99 | |
| 3 | 税金 | 320.71 | 408.67 | −87.96 | |
| 4 | 小计 | 2301.27 | 2932.42 | −631.15 | 另含管理费113元，摊销200元后，总价3296元，差额994元 |

## 3.6 主要含量指标

主要含量指标见表 3-5。

主要含量指标                          表 3-5

| 名称 | 工程量 | | | | | | | 平米含量 | | | |
|---|---|---|---|---|---|---|---|---|---|---|---|
| | 混凝土量 | | | | 钢筋量 | 模板量 | 抹灰 | 混凝土含量 | 钢筋含量 | 模板含量 | 抹灰含量 |
| | m³ | | | | kg | m² | m² | m²/m² | kg/m² | m²/m² | m²/m² |
| | 小计 | 预制 | 空腔 | 现浇 | 小计 | | | | | | |
| SPCS | 13.964 | 5.48 | 4.243 | 4.241 | 1462.03 | 25.354 | | 0.43 | 44.92 | 0.78 | |
| 墙 | 9.842 | 3.67 | 4.243 | 1.929 | 1020.04 | 20.851 | | 0.30 | 31.34 | 0.64 | |
| 梁 | 0.522 | 0.365 | | 0.157 | 83.11 | 0.783 | | 0.02 | 2.55 | 0.02 | |
| 板 | 3.6 | 1.445 | | 2.155 | 358.88 | 3.72 | | 0.11 | 11.03 | 0.11 | |
| 现浇 | 13.7 | 9.749 | | 3.951 | 1226 | 129.69 | 95.98 | 0.42 | 37.67 | 3.98 | 2.95 |
| 墙 | 9.87 | 7.941 | | 1.929 | 892 | 96.48 | 95.98 | 0.30 | 27.40 | 2.96 | 2.95 |
| 梁 | 0.52 | 0.363 | | 0.157 | 81 | 5.62 | | 0.02 | 2.49 | 0.17 | |
| 板 | 3.31 | 1.445 | | 1.865 | 253 | 27.59 | | 0.10 | 7.77 | 0.85 | |

# 第4章 在建工程测算——三—禹城项目2号楼

## 4.1 成本测算的目的

用传统房建行业认可的成本测算方式对 SPCS 结构体系进行成本测算，并同口径测算对比传统现浇及传统装配式结构体系的成本，真实展示 SPCS 结构体系确实是较传统 PC 结构又好又便宜的结构体系。

## 4.2 工程概况及测算标的

（1）工程概况：本项目位于山东省德州市，地上建筑面积 $3823m^2$，地上11层，钢筋混凝土剪力墙结构体系。

（2）测算标的：三种结构体系，分别为传统现浇、传统 PC、SPCS 体系，三种结构体系主要差异为地上结构部分，因此本次测算主要针对地上各项指标进行对比（表 4-1）。

**三种结构体系地上各项指标对比**　　　　　表 4-1

| 名称 | 传统现浇结构 | 传统预制结构<br>（灌浆套筒） | SPCS 结构体系 |
|---|---|---|---|
| 外墙 | 混凝土厚度 200<br>200 厚现浇＋100 厚保温＋<br>25 厚砂浆 | 混凝土厚度 260<br>200 厚预制＋80 厚保温＋<br>60 厚外叶板 | 混凝土厚度 260<br>50 厚预制＋150 厚现浇＋<br>80 厚保温＋60 厚外叶板 |
| 内墙 | 200 | 200 预制 | 50 预制＋100 现浇＋50 预制 |
| 梁 | 200（宽）×500 | 200×350 预制＋<br>200×150 现浇 | 200×350 预制＋<br>200×150 现浇 |
| 板 | 120 | 60 预制＋70 现浇 | 60 预制＋70 现浇 |

## 4.3 编 制 依 据

（1）图纸依据：由沈阳三一设计院提供的禹城 2 号楼地上部分三种结构图纸（图 4-1～图 4-3）。

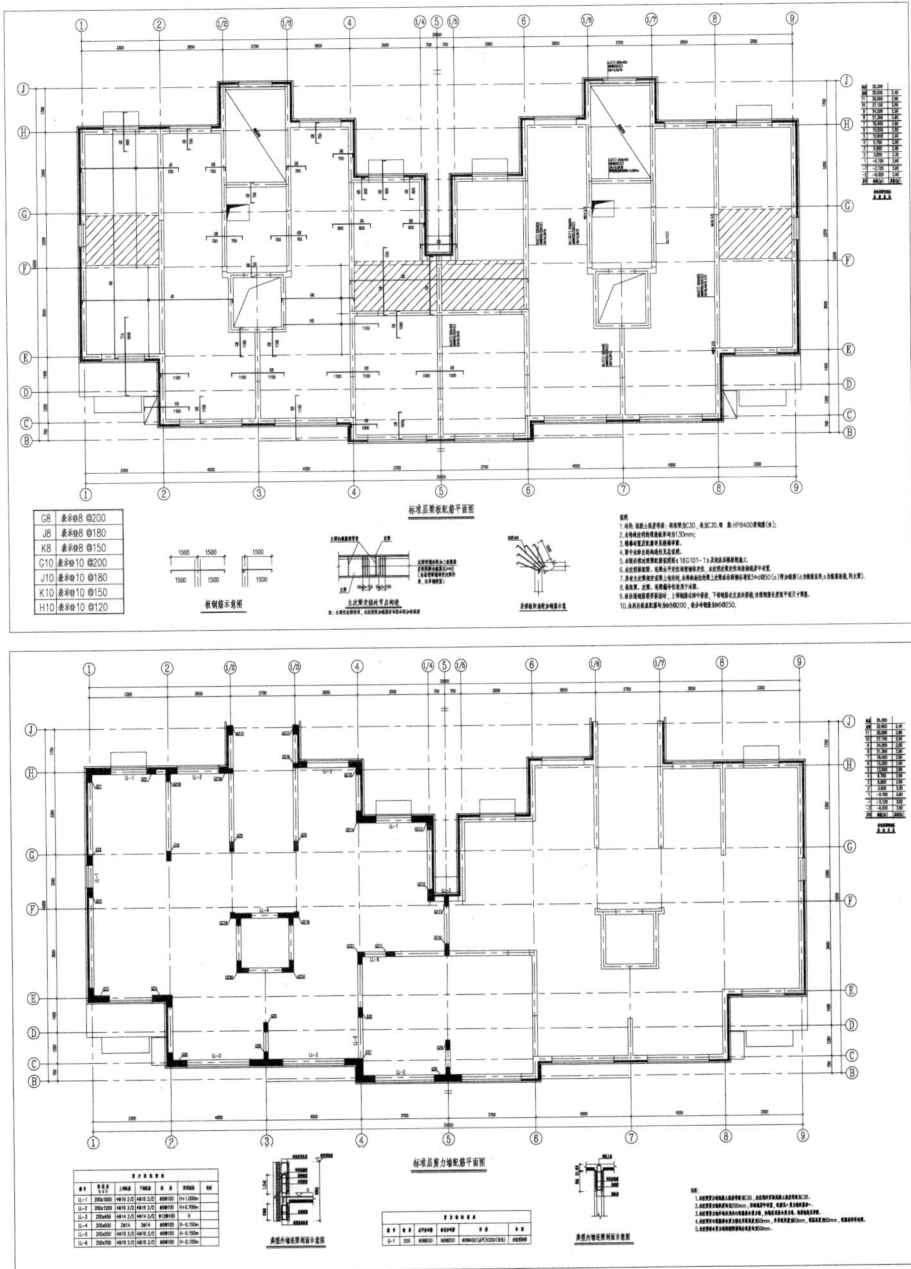

图 4-1 传统现浇图纸

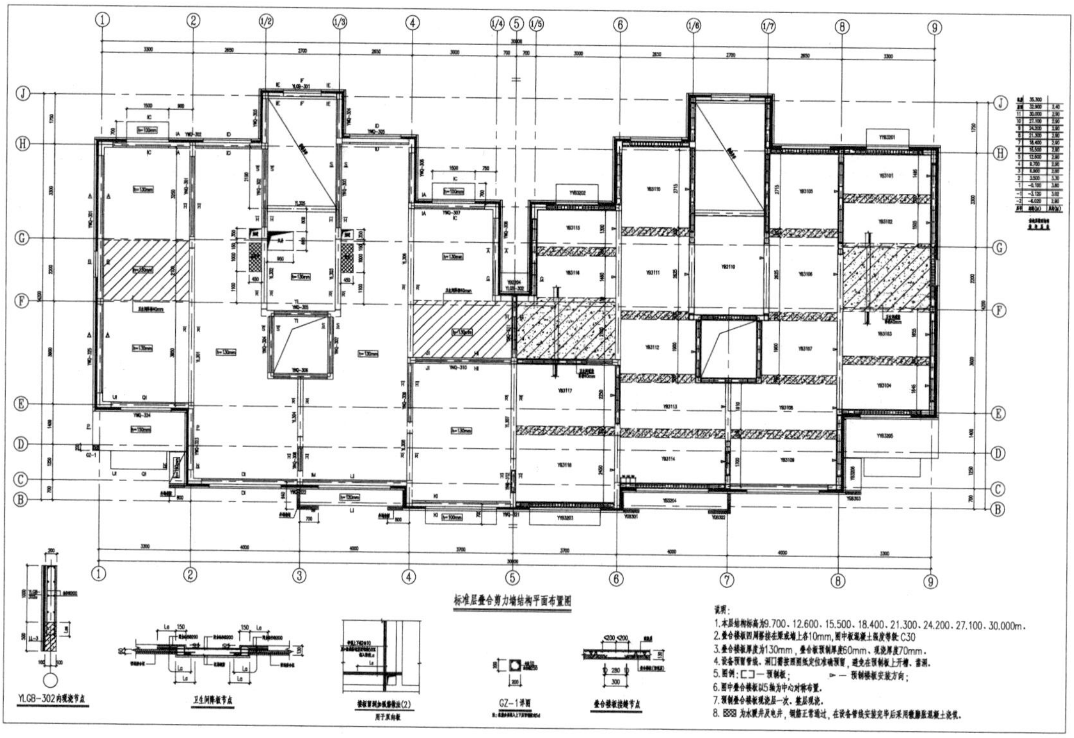

标准层叠合剪力墙结构平面布置图

YLGB-302内现浇节点

说明：
1. 本层结构标高9.700、12.600、15.500、18.400、21.300、24.200、27.100、30.000m。
2. 叠合楼板四周搁置缝宽上均10mm，图中现浇叠合梁宽为C30。
3. 叠合楼板厚度130mm，叠合板预制层50mm，现浇层70mm。
4. 设备预留套管、洞口等管道应按实定位并做预留，避免在预制板上开孔、凿洞。
5. 图例：□ 一 预制板；→ 一 预制楼板安装方向。
6. 图中叠合楼板以其中心线对称布置。
7. 预制叠合楼板配筋仅一次，整层现浇。
8. ▨ 为水暖井及电井，钢筋全管道通过，在设备带钢筋完毕后采用微膨胀混凝土浇筑。

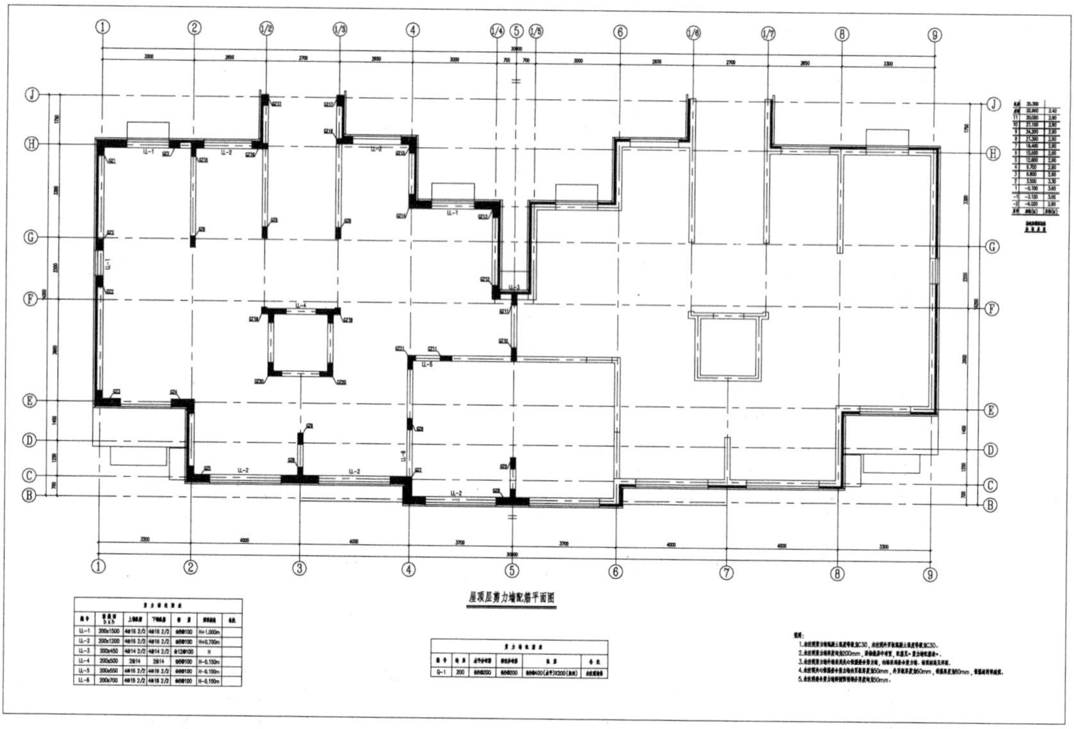

卫生间降板节点    G2－1节点    叠合楼板封堵节点

图 4-2　传统预制图纸（一）

屋顶层剪力墙配筋平面图

**24**

图 4-2　传统预制图纸（二）

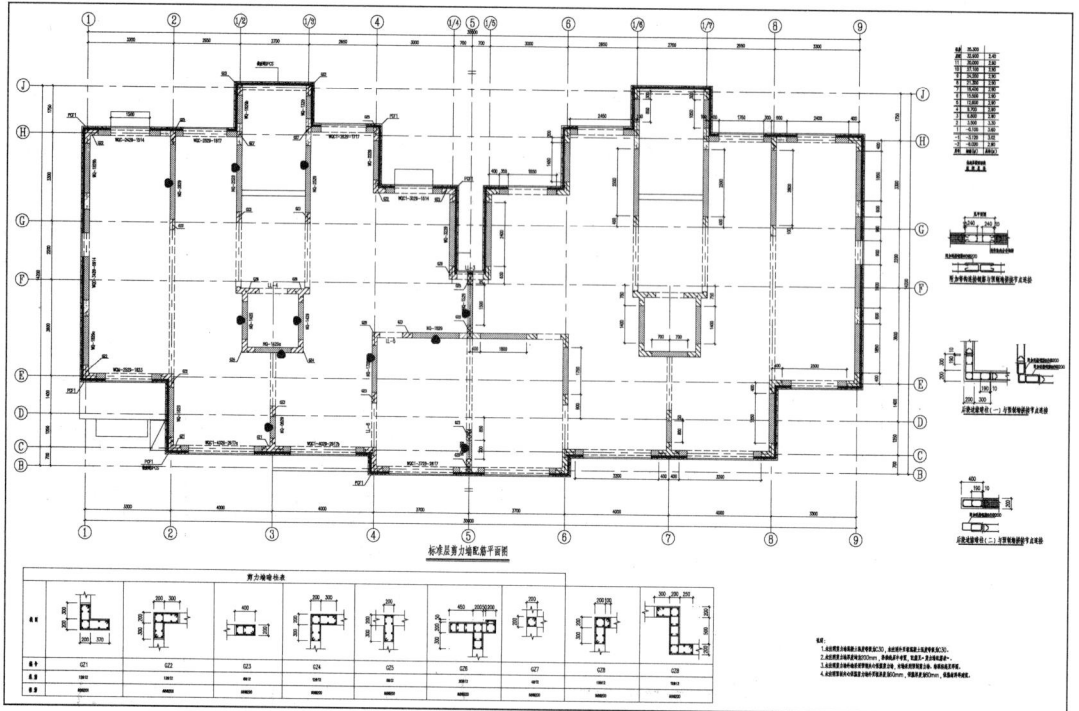

图 4-2　传统预制图纸（三）

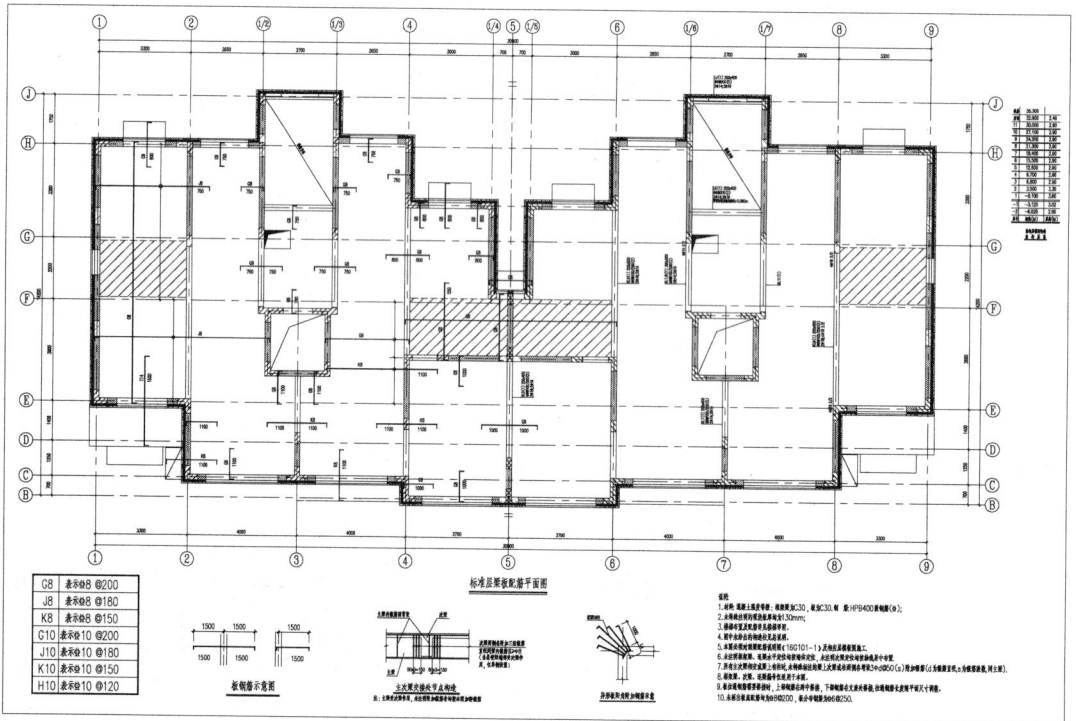

图 4-3　SPCS 图纸（一）

图 4-3　SPCS 图纸（二）

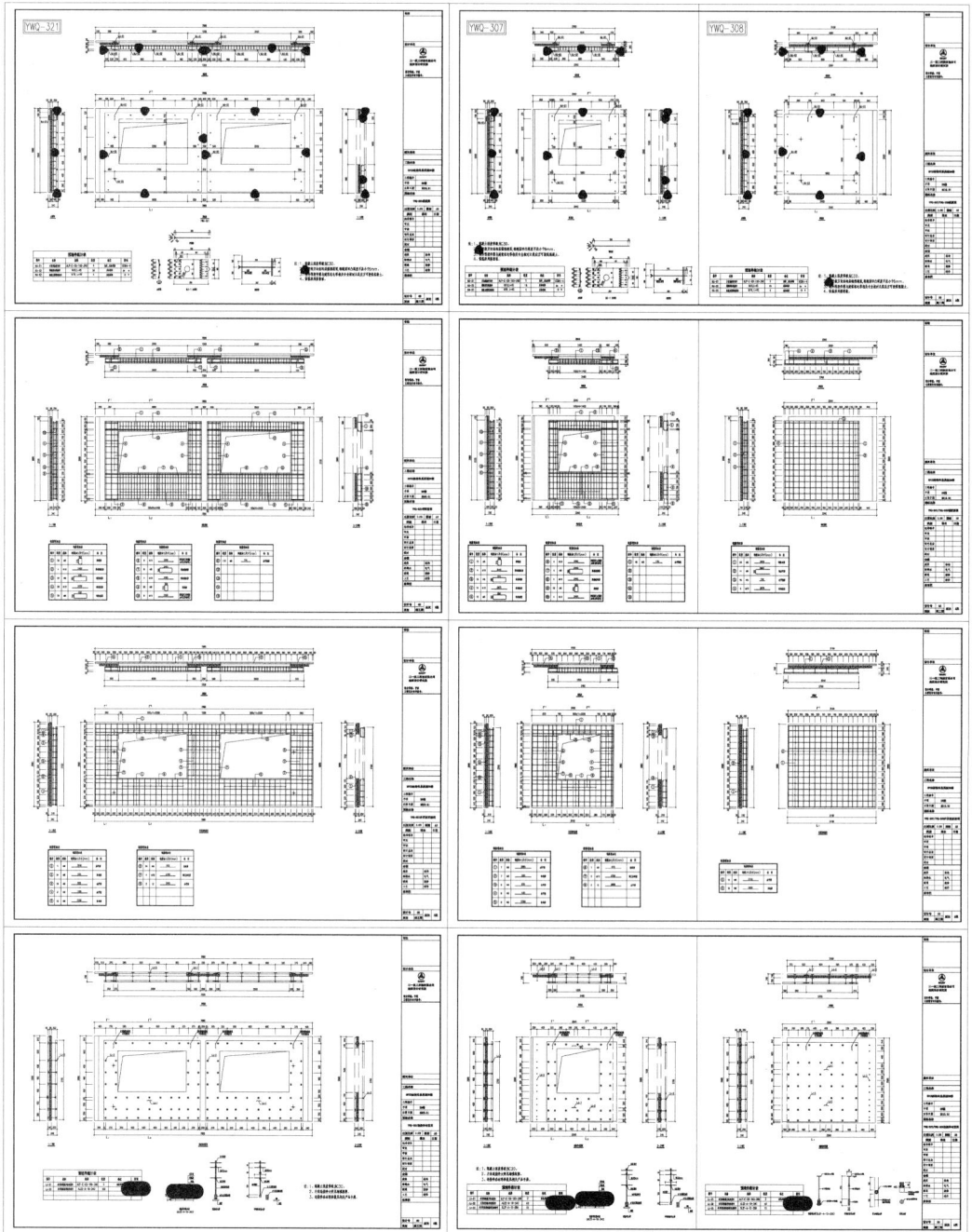

图 4-3　SPCS图纸（三）

（2）计价依据

1）2013 工程量清单计价规范及山东省建筑工程消耗量定额（2016）。

2）人工费按照山东市场价格计入；主要材料价格：SPCS 构件按照长沙工厂提供的主要数据计算；传统 PC 构件按照市场价（上海工厂提供的近期订单价格结合山东禹城市场价格）计算；现浇混凝土按山东禹城市场价格计算。其他材料价一律按市场价计入。

3）管理费、安全文明施工费及规费执行山东省现行定额的取费标准及相关文件。

4）税率按照 2019 年 4 月 1 日新税率执行。

5）SPCS 构件价格按照三一长沙工厂提供的现行工效 0.35m³/工日计入，传统预制构件参照上海工厂的工效 0.43m³/工日计入。

## 4.4 测算结论

（1）SPCS 较传统预制低 151.48 元/m²，SPCS 现阶段测算比现浇结构高 107.02 元/m²。

（2）全寿命周期成本（地产）：从设计、施工到销售，考虑装配式建筑的国家政策、工期效益及环境效益等增量收益后，SPCS 较传统现浇节约 110.25 元/m²，PC 较传统现浇高 41.23 元/m²。

## 4.5 三体系建筑平米单价对比

三体系建筑平米单价对比见表 4-2。

三体系建筑平米单价对比表      表 4-2

| 名称 | SPCS 工效 0.35，PC 工效 0.43，差额 151.48 | | |
| --- | --- | --- | --- |
| | 现浇 | SPCS | 预制 |
| 每平方米单价 | 897.91 | 1004.93 | 1156.41 |
| 差额（元/m²） | | 107.02 | 258.50 |
| 名称 | SPCS 工效 1.0，PC 工效 1.0 | | |
| | 现浇 | SPCS | 预制 |
| 每平方米单价 | 897.91 | 903.55 | 1063.98 |
| 差额（元/m²） | | 5.64 | 166.07 |

注：人工工效达到 1.0m³/工日，SPCS 结构将与传统现浇结构成本持平。

## 4.6 外购 PC 构件与 SPCS 构件单价对比

外购 PC 构件与 SPCS 构件单价对比见表 4-3。

外购 PC 构件与 SPCS 构件单价对比 表 4-3

SPCS 工效 0.35,PC 工效 0.43

| 序号 | 名称 | 单位 | 单价(元/m³) | |
| --- | --- | --- | --- | --- |
| | | | 传统 PC | SPCS(含空腔) |
| 一 | 外墙 | m³ | 4036.09 | 2740.33 |
| 二 | 内墙 | m³ | 3090.53 | 1775.89 |
| 三 | 梁 | m³ | 3600.24 | 3600.24 |
| 四 | 叠合楼板 | m³ | 3003.10 | 3003.10 |
| 五 | 空调板 | m³ | 3237.39 | 3237.39 |
| 六 | 阳台板 | m³ | 3947.55 | 3947.55 |
| 七 | 楼梯 | m³ | 2930.33 | 2930.33 |

SPCS 工效 1.0,PC 工效 1.0(近似等同现浇 SPCS 价格)

| 序号 | 名称 | 单位 | 单价(元/m³) | |
| --- | --- | --- | --- | --- |
| | | | SPCS(含空腔) | PC |
| 一 | 外墙 | m³ | 2275 | 3498.66 |
| 二 | 内墙 | m³ | 1350 | 2736.61 |
| 三 | 梁 | m³ | 3141.46 | 3141.46 |
| 四 | 叠合楼板 | m³ | 2675.4 | 2675.4 |
| 五 | 空调板 | m³ | 2778.61 | 2778.61 |
| 六 | 阳台板 | m³ | 3619.84 | 3619.84 |
| 七 | 楼梯 | m³ | 2602.64 | 2602.64 |

# 4.7 三体系成本费用明细汇总

三体系成本费用明细汇总见表4-4。

三体系成本费用明细汇总表 表4-4

| 序号 | 名称 | 合价（元） | | | 单方（元/m²） | | |
|---|---|---|---|---|---|---|---|
| | | 传统现浇 | SPCS | 传统预制 | 现浇 | SPCS | 传统预制 |
| | 小计 | 3433053.46 | 3842233.97 | 4421400.61 | 897.91 | 1004.93 | 1156.41 |
| 1 | 直接费 | 3144558.70 | 3291993.07 | 3821984.84 | 822.46 | 861.02 | 999.64 |
| 2 | 折旧摊销 | | 105498.68 | 90767.72 | | 27.59 | 23.74 |
| 3 | 工厂利润 | | 374159.35 | 453719.70 | | 97.86 | 118.67 |
| 4 | 安全文明施工费 | 140561.77 | 59462.68 | 62846.02 | 36.76 | 15.55 | 16.44 |
| 5 | 规费 | 69746.31 | 29531.80 | 31212.12 | 18.24 | 7.72 | 8.16 |
| 6 | 税金 | 301938.01 | 347458.10 | 401447.74 | 78.97 | 90.88 | 105.00 |
| 7 | 进项税抵扣 | −223751.33 | −365869.72 | −440577.53 | −58.52 | −95.69 | −115.23 |
| 8 | 差额 | | | | | 107.02 | 258.50 |

## （1）传统 PC 与 SPCS 指标对比（表4-5）

传统 PC 与 SPCS 指标对比表 表4-5

| 序号 | 名称 | 合价（元） | | 单方（元/m²） | | 差额（元/m²）②-① | 备注 |
|---|---|---|---|---|---|---|---|
| | | SPCS | 传统预制 | SPCS ① | 传统预制② | | |
| | 小计 | 3842233.97 | 4421400.61 | 1004.93 | 1156.41 | 151.48 | |
| 1 | 直接费 | 3291993.07 | 3821984.84 | 861.02 | 999.64 | 138.62 | |
| 1.1 | 人工 | 855452.88 | 941675.51 | 223.74 | 246.29 | 22.55 | |
| 1.1.1 | 现场吊装人工 | 183956.99 | 229957.25 | 48.11 | 60.15 | 12.03 | |
| 1.1.2 | 现场其他用工 | 162331.58 | 169828.33 | 42.46 | 44.42 | 1.96 | |
| 1.1.3 | 工厂人工 | 509164.31 | 541889.93 | 133.17 | 141.73 | 8.56 | |
| 1.2 | 材料 | 2004145.62 | 2297534.50 | 524.18 | 600.92 | 76.74 | |
| 1.2.1 | 钢筋 | 618789.72 | 598269.00 | 161.84 | 156.48 | −5.37 | |
| 1.2.2 | 混凝土 | 734356.22 | 734356.22 | 192.07 | 192.07 | 0.00 | |
| 1.2.3 | 模具、模板 | 163223.37 | 307173.01 | 42.69 | 80.34 | 37.65 | SPCS模具比传统PC便宜134元/m³ |
| 1.2.4 | 保温 | 124594.91 | 124594.91 | 32.59 | 32.59 | 0.00 | |

| 序号 | 名称 | 合价（元） | | 单方（元/m²） | | 差额（元/m²）②-① | 备注 |
|------|------|------|------|------|------|------|------|
| | | SPCS | 传统预制 | SPCS① | 传统预制② | | |
| 1.2.5 | 保温连接件 | 198094.07 | 74360.00 | 51.81 | 19.45 | −32.36 | 综合考虑保温连接件及套筒，SPCS比PC便宜16.64元/m² |
| 1.2.6 | 套筒及灌浆料 | 0.00 | 187353.65 | 0.00 | 49.00 | 49.00 | |
| 1.2.7 | 其他材料 | 165087.33 | 271427.71 | 43.18 | 70.99 | 27.81 | 传统PC工厂部分辅材费较SPCS高 |
| 1.3 | 机械 | 264778.75 | 359578.69 | 69.25 | 94.05 | 24.79 | |
| 1.3.1 | 塔吊 | 120000.00 | 150000.00 | 31.39 | 39.23 | 7.85 | 因传统PC构件重量更大，塔吊费增加 |
| 1.3.2 | 运费 | 134490.05 | 197917.53 | 35.18 | 51.77 | 16.59 | SPCS因有空腔，总混凝土方量较传统PC少 |
| 1.3.3 | 其他机械 | 10288.70 | 11661.17 | 2.69 | 3.05 | 0.36 | |
| 1.4 | 管理费 | 167615.82 | 223196.14 | 43.84 | 58.38 | 14.54 | |
| 2 | 折旧摊销 | 105498.68 | 90767.72 | 27.59 | 23.74 | −3.85 | |
| 3 | 工厂利润 | 374159.35 | 453719.70 | 97.86 | 118.67 | 20.81 | |
| 4 | 安全文明施工费 | 59462.68 | 62846.02 | 15.55 | 16.44 | 0.88 | |
| 5 | 规费 | 29531.80 | 31212.12 | 7.72 | 8.16 | 0.44 | |
| 6 | 税金 | 347458.10 | 401447.74 | 90.88 | 105.00 | 14.12 | |
| 7 | 进项税抵扣 | −365869.72 | −440577.53 | −95.69 | −115.23 | −19.54 | |

## （2）SPCS 与现浇指标对比（表 4-6）

SPCS 与现浇指标对比表 表 4-6

| 序号 | 名称 | 合价（元） | | 单方（元/m²） | | 差额（元/m²）②-① | 备注 |
|---|---|---|---|---|---|---|---|
| | | 传统现浇 | SPCS | 现浇① | SPCS② | | |
| | 小计 | 3433053.46 | 3842233.97 | 897.91 | 1004.93 | 107.02 | |
| 1 | 直接费 | 3144558.70 | 3291993.07 | 822.46 | 861.02 | 38.56 | |
| 1.1 | 人工 | 859346.03 | 855452.88 | 224.76 | 223.74 | −1.02 | |
| 1.1.1 | 现场吊装人工 | 0.00 | 183956.99 | 0.00 | 48.11 | 48.11 | |
| 1.1.2 | 现场其他用工 | 859346.03 | 162331.58 | 224.76 | 42.46 | −182.30 | |
| 1.1.3 | 工厂人工 | 0.00 | 509164.31 | 0.00 | 133.17 | 133.17 | |
| 1.2 | 材料 | 1998819.45 | 2004145.62 | 522.79 | 524.18 | 1.39 | |
| 1.2.1 | 钢筋 | 566411.80 | 618789.72 | 148.14 | 161.84 | 13.70 | |
| 1.2.2 | 混凝土 | 604342.21 | 734356.22 | 158.06 | 192.07 | 34.01 | |
| 1.2.3 | 模具、模板 | 260872.88 | 163223.37 | 68.23 | 42.69 | −25.54 | 空腔 5.58 元/m³，现浇段 59.3 元/m³，构件模具 106 元/m³ |
| 1.2.4 | 抹灰 | 60324.99 | 0.00 | 15.78 | 0.00 | −15.78 | |
| 1.2.5 | 保温 | 148954.74 | 124594.91 | 38.96 | 32.59 | −6.37 | |
| 1.2.6 | 保温连接件 | | 198094.07 | 0.00 | 51.81 | 51.81 | |
| 1.2.7 | 脚手架 | 45401.38 | 17526.52 | 11.87 | 4.58 | −7.29 | |
| 1.2.8 | 其他材料 | 312511.46 | 147560.81 | 81.74 | 38.59 | −43.14 | |
| 1.3 | 机械 | 66400.63 | 264778.75 | 17.37 | 69.25 | 51.89 | |
| 1.3.1 | 塔吊 | 36000.00 | 120000.00 | 9.42 | 31.39 | 21.97 | 因构件重量较大，塔吊型号增大，费用增加 |
| 1.3.2 | 运费 | 0.00 | 134490.05 | 0.00 | 35.18 | 35.18 | |
| 1.3.3 | 其他机械 | 30400.63 | 10288.70 | 7.95 | 2.69 | −5.26 | |
| 1.4 | 管理费 | 219992.58 | 167615.82 | 57.54 | 43.84 | −13.70 | |
| 2 | 折旧摊销 | | 105498.68 | | 27.59 | 27.59 | |
| 3 | 工厂利润 | | 374159.35 | | 97.86 | 97.86 | |
| 4 | 安全文明施工费 | 140561.77 | 59462.68 | 36.76 | 15.55 | −21.21 | |
| 5 | 规费 | 69746.31 | 29531.80 | 18.24 | 7.72 | −10.52 | |

| 序号 | 名称 | 合价（元） | | 单方（元/m²） | | 差额（元/m²）②-① | 备注 |
|---|---|---|---|---|---|---|---|
| | | 传统现浇 | SPCS | 现浇① | SPCS② | | |
| 6 | 税金 | 301938.01 | 347458.10 | 78.97 | 90.88 | 11.91 | |
| 7 | 进项税抵扣 | −223751.33 | −365869.72 | −58.52 | −95.69 | −37.17 | |
| 8 | 差额 | | | 107.02 | 107.02 | | |

## 4.8 三体系主要材料平米含量指标对比

三体系主要材料平米含量指标对比见表4-7。

**三体系主要材料建筑每平方米含量指标** 表4-7

| 类型 | 混凝土 | 钢筋 | 模板 | 保温 | 墙面抹灰 | 片状连接件 | 针状连接件 | 套筒 | 预制率 |
|---|---|---|---|---|---|---|---|---|---|
| | m³/m² | kg/m² | m²/m² | m³/m² | m²/m² | 个/m² | 个/m² | 个/m² | |
| 现浇 | 0.341 | 36.80 | 3.32 | 0.064 | 1.52 | | | | |
| 灌浆套筒 | 0.404 | 39.25 | 0.94 | 0.054 | | 0.40 | 1.39 | 1.40 | 59% |
| SPCS | 0.404 | 40.62 | 0.58 | 0.054 | | 0.34 | 4.55 | | 42% |

因SPCS体系中环状连接筋替代传统预制体系中灌浆套筒，故仅统计钢筋含量时SPCS体系比传统预制钢筋含量多（表4-8）。

**各项含量分析表** 表4-8

| 名称 | 混凝土含量(m³/m²) | | | 钢筋含量(kg/m²) | | | 模板接触面含量(m²/m²) | | |
|---|---|---|---|---|---|---|---|---|---|
| | 现浇 | 传统预制 | SPCS | 现浇 | 传统预制 | SPCS | 现浇 | 传统预制 | SPCS |
| | | 小计 | 小计 | | 小计 | 小计 | | | |
| 小计 | 0.34 | 0.40 | 0.40 | 36.80 | 39.25 | 40.62 | 3.32 | 0.94 | 0.58 |
| 外墙 | 0.13 | 0.17 | 0.17 | 16.36 | 15.88 | 18.59 | 1.39 | 0.42 | 0.19 |
| 内墙 | 0.08 | 0.09 | 0.09 | 9.82 | 9.45 | 8.11 | 0.84 | 0.34 | 0.20 |
| 梁 | 0.012 | 0.014 | 0.014 | 1.87 | 2.10 | 2.10 | 0.11 | 0.00 | 0.00 |
| 板 | 0.09 | 0.09 | 0.09 | 5.98 | 8.17 | 8.17 | 0.72 | | |
| 卫生间板 | 0.01 | 0.02 | 0.02 | 0.56 | 0.65 | 0.65 | 0.08 | 0.15 | 0.15 |
| 空调板 | 0.004 | 0.005 | 0.005 | 0.44 | 0.39 | 0.39 | 0.04 | | |

| 名称 | 混凝土含量(m³/m²) | | | 钢筋含量(kg/m²) | | | 模板接触面含量(m²/m²) | | |
|---|---|---|---|---|---|---|---|---|---|
| | 现浇 | 传统预制 | SPCS | 现浇 | 传统预制 | SPCS | 现浇 | 传统预制 | SPCS |
| | | 小计 | 小计 | | 小计 | 小计 | | | |
| 阳台板 | 0.006 | 0.005 | 0.005 | 1.06 | 1.31 | 1.31 | 0.04 | | |
| 楼梯 | 0.011 | 0.012 | 0.012 | 0.72 | 1.31 | 1.31 | 0.10 | 0.03 | 0.03 |

## 4.9 工序分解直接费（人材机）对比

经对传统现浇结构及 SPCS 现场施工部分进行工序拆分，目前现浇结构拆分为 21 道工序，SPCS 结构拆分为 20 道工序，其中有 10 道相同工序。现浇直接费金额 2924566.12 元，SPCS 现场部分金额 1281091.54 元，直接费差额 1643474.58 元，差额部分为工厂预制构件金额（表 4-9）。

工序分解直接费对比　　　　　　表 4-9

| 序号 | 名称 | 单位 | 传统现浇 | | SPCS 结构 | |
|---|---|---|---|---|---|---|
| | | | 合价(元) | 单方<br>(元/m²) | 合价(元) | 单方<br>(元/m²) |
| | 合计 | | 2924566.12 | 764.92 | 3104795.11 | 812.06 |
| 一 | 人工 | 元 | 859346.03 | 224.76 | 855452.88 | 223.74 |
| 二 | 材料 | 元 | 1998819.45 | 522.79 | 2137370.83 | 559.03 |
| 三 | 机械 | 元 | 66400.63 | 17.37 | 111971.40 | 29.29 |

注：工序分解表详见附表 2。

## 4.10 成本差异分析

### 4.10.1 平米单方价格差异分析（直接费部分）

1. 人工费

（1）传统现浇人工费为现场制作安装人工费，而传统 PC 与 SPCS 的人工费由三部分组成，为工厂人工费、现场吊装费和现场制作安装人工费。工厂预制构件人工工效对整个构件的成本影响较大。

（2）工厂人工费部分：本次测算传统 PC 工效均按照 $0.43m^3$/工日，SPCS 构件的工效均按照 $0.35m^3$/工日考虑，经考察公司目前各工厂（北京 PC 工厂、上海 PC 工厂、长沙 PC 工厂）的人均单方产量在 $0.4\sim0.67$，主要原因是工人操作不熟练，构件标准化程度低，未形成规模化生产，不能满足流水线连续生产。后续工人经过标准化培训，将构件尽量标准化，项目逐渐开展，形成规模化生产，满足流水线连续生产，工厂人工成本将会大大降低。

2. 材料费

（1）钢筋：因钢筋含量增高，所以 SPCS 比传统预制高 5.37 元/m²，SPCS 比现浇高 13.7 元/m²。

（2）混凝土：SPCS 与传统预制持平。

（3）模板及模具：因模板含量降低，同时增加模具费，传统 PC 比 SPCS 高 37.65 元/m²，SPCS 比现浇低 25.54 元/m²。

（4）墙面抹灰：因传统现浇结构墙面需要抹灰，传统预制与 SPCS 结构混凝土墙体平整度提高，不需要再抹灰，所以传统 PC 与 SPCS 墙体抹灰一项比现浇结构低 15.78 元/m²。

（5）外墙保温：因外墙保温含量降低，所以传统 PC 与 SPCS 结构预制部分比现浇低 6.37 元/m²。

（6）套筒、灌浆料及保温连接件：SPCS 保温连接件（片状＋针状）价格为 51.81 元/m²；传统预制保温连接件（片状＋针状）价格为 19.45 元/m²，套筒价格为 20.23 元/m²，灌浆料价格为 19.88 元/m²，坐浆料价格为 8.89 元/m²，合计为 68.45 元/m²；综上，传统预制比 SPCS 高 16.64 元/m²。

3. 机械费

（1）现浇部分塔吊测算：2 号、3 号楼共用一台塔吊，采用 QTZ6015 型号，估算月租金 24000 元，现浇施工工期两个月，另计进出场费一次，本次测算现浇部分塔吊总费用为 24000×3/2＝36000 元，约为 9.42 元/m²。

（2）SPCS 结构部分塔吊测算：2 号楼单独设置一台塔吊 QTZ7015，估算月租金 40000 元，工期两个月，另计进出场费一次，本次测算传统预制及 SPCS 部分塔吊总费用为 40000×3＝120000 元，约为 31.39 元/m²；SPCS 比传统现浇高 21.97 元/m²。

（3）传统预制结构部分塔吊测算：2 号楼单独设置一台塔吊 QTZ8015，估算月租金 50000 元，工期两个月，另计进出场费一次，本次测算传统预制及 SPCS 部分塔吊总费用为 50000×3＝150000 元，约为 39.23 元/m²；传统预制比 SPCS 高 7.85 元/m²。

### 4.10.2　差异分析（间接费、措施费及规费部分）

（1）安全文明施工费：本项为国家强制性费用，需按照国家定额全费用计取，本次测算未记取工厂构件部分此项费用，现场现浇及吊装部分满取。其中包括安全施工、文明施工、环境保护及临时设施费。

（2）规费：本次测算未记取工厂构件部分此项费用，现场现浇及吊装部分满取。其中包括五险一金、住房公积金及农民工伤保险费用。

（3）构件场外运费：本次测算考虑运输距离在 100km 以内，运输车每车运输构件按 10m³ 考虑，运输费用约为 200 元/m³。

（4）工厂及设备折旧：根据工厂提供数据，灌浆套筒墙工厂及设备折旧计取 100 元/m³，SPCS 墙工厂及设备折旧计取 200 元/m³。

（5）工厂管理费：PC 管理人工费 78 元/m³，SPCS 管理人工费 100 元/m³；PC 其他费用（劳保、差旅、办公等）120 元/m³，SPCS 为 112 元/m³。

# 4.11　税收优势分析

### 4.11.1　建筑业增值税税收优惠政策进项税额抵扣相关规定

（1）分包工程支出，应按照分包商的纳税人资格和计税方法的选择来区分：

1）分包商为小规模纳税人，进项税抵扣税率为 3%。

2）分包商为一般纳税人。

3）专业分包，进项抵扣税率为 9%。

4）劳务分包（清包工除外），进项抵扣税率为 9%。

5）清包工：

清包工（分包方采取简易计税），进项抵扣税率为 3%。

清包工（分包方采取一般计税），进项抵扣税率为9%。

（2）工程物资

建筑业增值税税收优惠政策中的工程物资，由于工程材料物资种类繁多，所以分供商提供的增值税专用发票的适用税率也不尽相同。一般的材料物资适用税率是13%，但也有一些特殊情况：

1）木材及竹木制品，进项抵扣税率为9%、13%。

属于初次生产农产品的原木和原竹，取得的发票可能会是农产品收购发票或销售发票，而非增值税专用发票，但同样可以抵扣进项税，适用税率为9%；而经过加工的属于半成品或成品的木材及竹木制品，取得的发票是增值税专用发票，适用税率一般是13%。

2）水泥及商品混凝土，进项抵扣税率为13%、3%。

购买水泥和一般商品混凝土的税率通常为16%；但以水泥为原料生产水泥混凝土，就可以选择简易征收，征收率为3%。

3）砂土石料等地材，进项抵扣税率为13%、3%。

在商贸企业购买的适用税率是13%；但从生产企业购买，生产企业自产的建筑用砂、土、石料以及自产砂、土、石料连续生产砖、瓦、石灰可以选择简易征收，适用税率为3%。

（3）机械使用费

1）外购机械设备进项抵扣税率为13%

建筑业增值税税收优惠政策在购买机械设备取得的增值税专用发票，可以一次性抵扣，但购买时要注意控制综合成本，选择综合成本较低的供应商。

2）租赁机械

租赁机械（只租赁设备），进项抵扣税率为13%，3%。

租赁设备，一般情况下适用税率为13%；但是若出租方以试点实施之前购进或者自制的有形动产为标的物提供的经营租赁服务，试点期间可以选择简易计税方法计算缴纳增值税，使用征收率为3%。

3）租赁机械（租赁设备＋操作人员），进项抵扣税率为10%。

### 4.11.2 禹城2号楼结构体系税收优惠

根据2019年4月1日实行的新的税收政策，禹城2号楼地上结构部分传统现浇抵扣为58.52元/m²，SPCS抵扣为95.69元/m²，传统预制抵扣为115.23元/m²。SPCS税金抵扣较现浇增加37.17元/m²。详见附表3。

# 4.12 全寿命周期成本（地产）

我国当前装配式建筑发展尚不成熟，成本高是重要阻碍。本书以山东德州市禹城某住宅项目为例，研究装配式建筑全生命周期的经济效益。研究发现，装配式建筑在全生命周期内，能实现经济收益，其中工期效益影响最大，拆除阶段效益影响最小。

我国当前的建筑工业化由政府强力推动，而要实现市场自发引导，很大程度上取决于装配式建筑的成本。装配式建筑的工程成本居高不下，阻碍了装配式建筑工程的市场推广，而装配式建筑除成本之外的其他经济效益，能为高成本带来一定经济补偿。本书寻找研究装配式建筑全生命周期经济效益的方法，分析装配式建筑的经济效益。以禹城项目为例，从地产角度进行以下分析：

## 4.12.1 装配式建筑的经济效益构成

建筑在全生命周期内可以划分为建造阶段、使用阶段和拆除阶段。装配式建筑与传统现浇式建筑在建造阶段的成本差异，体现在设计阶段和施工阶段。

（1）设计阶段

装配式建筑构配件工厂化生产，相比传统建筑，在设计方面产生更深层次的设计，在设计成本方面也会带来提升。

（2）施工阶段

施工阶段的成本差异主要体现在土建工程成本上。土建成本由人工费、材料费、机械使用费、措施费、管理费、利润、规费以及税金等构成。

（3）使用阶段

使用阶段的成本主要包括物业管理成本，日常维护成本，大修成本，能耗及水耗等方面。

（4）拆除阶段-残值

拆除阶段的效益即构配件残值与拆除费用之间的差值。

（5）工期

装配式建筑将部分构件在构件工厂进行预制，将现场湿作业转移到工厂进行，可以根据施工进度提前将所需构件制作完成，采用一体化装修，节省施工工期。

（6）政策

为了更好地推动当地的装配式建筑发展，各地区出台了一些激励性的措施，包括现金补助，容积率奖励，税收优惠，信贷扶持，优先评优等。

（7）环境效益

环境效益所包含的内容比较复杂，本书主要通过现浇建筑对比分析装配式建筑的节水、节能、节材及节地的效益。此外引入全生命周期碳排放量的计算方法，从装配式建筑全生命周期分析装配式建筑由于低碳所带来的效益。

### 4.12.2 装配式建筑的经济效益分析

山东省德州市禹城某住宅项目为钢筋混凝土剪力墙结构体系，选取其中的 2 号楼（现浇）和 2 号楼（装配式 SPCS）地上结构部分进行分析（一栋楼的两种做法）。

（1）设计阶段经济效益

2 号楼（装配式 SPCS）设计费用为 30 元/m²，2 号楼（现浇）设计费用为 22 元/m²。

设计阶段的经济效益为：F1＝22－30＝－8 元/m²

（2）施工阶段经济效益

施工阶段的单位面积成本，2 号楼（装配式 SPCS）为 1004.93 元/m²，2 号楼（现浇）为 897.91 元/m²。

施工阶段的经济效益为：F2＝897.91－1004.93＝－107.02 元/m²

（3）工期经济效益

工期节约引起的包括融资成本节约、销售提前带来的资金提前回笼、房屋出租的资金收益及工程实体直接费的节约等。

2 号楼（SPCS）和 2 号楼（现浇）的预售收款比例均取 30%，销售价格取 0.72 万元/m²。考虑装饰配建等费用，2 号楼（SPCS）建造成本取 1004.93 元/m²，2 号楼（现浇）取 897.91 元/m²。施工过程中，2 号楼（SPCS）结构部分比 2 号楼（现浇）工期缩短 27.5d。2 号楼（SPCS）和 2 号楼（现浇）主体结构工期分别为 49.5d 和 77d。

进行工期效益计算时参数假定：贷款利息 10%，资金的机会成本为 10%。

1）资金收益（提前收款）

装配式住宅 2 号楼工期短，开盘早，提前收款带来的资金效益为：

$$R＝7200×30\%×10\%/365×27.5＝16.27 元/m²$$

2）贷款利息

$$C＝7200×0.1/12×27.5/30＝55 元/m²$$

3）工程实体收益

SPCS 结构体系较传统现浇结构工期约节约 20%，相应节省直接费费用主要包括塔吊租赁费 5 元/$m^2$、脚手架租赁费 7 元/$m^3$、管理费 12 元/$m^2$，合计节约约 24 元/$m^2$。

工期带来的经济效益为：F3＝16.27＋55＋24＝95.27 元/$m^2$

（4）政策经济效益

全国各个省均对装配式结构给予一定的优惠条件，其中山东省德州市优惠政策包括用地政策、税费政策、金融政策、科技政策、其他政策。依据外墙预制部分的建筑面积（不超过规划总建筑面积 3%），可不计入成交地块的容积率核算，禹城 2 号楼外墙预制建筑面积约 191$m^2$，地价为 2000 元/$m^2$，可补贴资金约 130 元/$m^2$。

政策带来的经济效益为：F4＝191×（7200－2600－2000）/3823＝130 元/$m^2$

（5）环境效益分析

由于建筑在其全生命周期的各个阶段都会对环境产生一定的影响，所以

在推动装配式建筑的发展过程中，人们十分关注其环境效益，即装配式建筑能否与外界和内部的环境协调共同发展，而装配式建筑正好落实了国家"四节一环保"的政策，具有显著的环境效益。以下四个方面可节约成本约 25 元/$m^2$。

1）节水效益

在全社会的用水量中建筑业用水占的比重很大，并且一直居高不下，装配式建筑的发展能够在一定程度上改善这种状况。建筑业用水主要包括两个方面，一是施工用水，二是生活用水。由于装配式建筑是采用预先在工厂生产的 PC 构件，减少了混凝土构件的养护用水以及设备的冲洗用水，也减少了湿作业工作量，从而大量减少施工用水量。另外，装配式建筑在施工现场采用机械安装，工人的数量减少，方便现场的管理，减少了施工现场用水浪费现象的发生，同时也减少了施工人员的各种生活用水。

2）节材效益

装配式建筑使用的各个构件都是预先在工厂进行标准化生产的，对于其质量和材料的控制更为有利，能够在最大程度上减少材料损耗。同时，生产构件的工人以及吊装工人都是经过培训取得合格证书的产业化员工，技术水平比较高，责任心强，能够严格按照图纸进行生产和吊装，减少材料的损耗，提高构件的成品率以及吊装成功率。

3）节地效益

目前，我国的建设用地还是比较紧张，各大城市的建设用地都在日益减少，故建设用地的高效利用就显得尤为重要，装配式建筑就是缓解建设用地严重不足的有效手段。装配式建筑使用的大都是高强度的轻质材料，在一定

程度上可以通过增加建筑层数来增加建筑面积，从而充分利用建设用地。建筑的使用寿命也是影响建筑用地的关键因素，装配式建筑的结构耐久性从寿命的维度上大大减少了建筑用地的占用。

4）碳排放的效益

目前，建筑物的碳排放是引起温室效应的重要因素，是温室气体排放的一个重要渠道。建筑物在其全生命周期的各个阶段都会产生碳排放，故发展节水低碳建筑对于环境保护而言显得尤为紧迫。发展低碳建筑是实现建筑和环境协调可持续发展的重要手段，降低 $CO_2$ 的排放量对于节能减排也具有十分重要的意义。

（6）小结：从地产公司全寿命周期维度进行汇总如下：

地产维度：

增量成本为：

F 成本＝|F1|＋|F2|＝＝8＋107.02＝115.02 元/$m^2$

增量效益为：

F 效益＝F5＋F6＝95.27＋130＝225.27 元/$m^2$

2 号楼全生命周期的经济效益为：F＝F 效益－F 成本＝225.27－115.02＝110.25 元/$m^2$

### 4.12.3 全寿命周期成本分析结论

本书通过实证分析得出结论：装配式建筑在全生命周期和建造阶段的增量效益均高于增量成本，实现经济收益。装配式建筑全生命周期的经济效益中，按影响由大到小排列，依次为工期效益、政策效益、施工阶段效益、使用阶段效益、设计阶段效益、拆除阶段效益。但是通过装配式建造方式缩短工期带来的工期效益等增量效益，在一定程度上可以冲减装配式建筑带来的增量成本，甚至产生可观的经济效益。

# 4.13 成本优化方向及目标

为缩短现浇结构体系及 SPCS 结构体系之间的成本差距，实现 SPCS 结构体系等同现浇或更便宜，完成立方单价、建筑平米单价的目标成本，仍需各相关部门群策群力从以下几个方面进行优化：

### 4.13.1 图纸优化建议

（1）设计方案阶段应介入，并提出优化意见，预制构件类型统一，提高效率降低成本。

（2）优化墙体拉筋直径、间距及暗柱定型钢筋笼连接方式。

（3）优化框架柱连接方式、箍筋形式，减少重叠部分钢筋用量。

（4）框架结构平面经常存在强弱轴，研发长方形柱，减少框架柱配筋量。

（5）构件采用门窗洞口一体化封堵，减少现场模板作业量。

### 4.13.2 工厂构件生产优化建议

（1）通过标准化设计提升 SPCS 构件的标准化率，实现模具组合式生产构件，大幅提升构件生产效率；

（2）具有完全自主知识产权的 SPCS 构件生产线，通过自动化、信息化技术手段保障构件生产又好、又快、又便宜；

（3）通过共享产业链实现 SPCS 构件专属产业链的一站式供应，从产业链层面保障构件的高质量及低成本；

（4）通过构件共享实现 PC 工厂构件专业化生产，均衡工厂产能，降低 SPCS 构件生产成本；

（5）全面推广精益制造理念及举措保障 SPCS 构件生产人均每工日 $1.0m^3$。

### 4.13.3 现场施工吊装优化建议

（1）人员优化：吊装人员 4 人为一个吊装队，负责信号、吊装、安装；

（2）机械优化：塔吊采用吊钩可视化系统，提高机械使用效率；

（3）施工工法：竖向支撑采用独立支撑，外防护架采用三脚架，减少人工，提高施工效率。

# 第 5 章 SPCS 成本测算专家评审及第三方结论

SPCS 作为一种全新的装配式结构体系，将双拼墙、预制柱、预制梁、叠合板等一系列预制构件融合在一起，与传统现浇结构及传统 PC 结构相比无论是施工方法还是施工工艺均有一定的区别，其施工成本自然也不相同。目前 SPCS 结构体系还处于试验及推广阶段，SPCS 成本测算的准确度自然在很大程度上影响到它的推广与使用，我们于 2019 年 4 月 11 日特邀北京市相关专家对此次成本测算进行评审及论证。

## 5.1 成本测算评审专家及专业背景

### 5.1.1 成本测算评审专家

熊鸿雁，女，47 岁，任职于北京思泰工程咨询有限公司，高级工程师、全国注册造价工程师、北京市专家库经济标专家、财政部政府采购专家库专家、中国招标与采购网专家库专家及《北京市工程造价信息》评审专家库专家。1993 年大学毕业有多年造价咨询服务行业工作经验，曾任职首钢集团、北京首都开发控股（集团）有限公司，任北京中瑞岳华工程造价咨询有限公司总工程师、副总经理，现任北京思泰工程咨询有限公司总经济师等职务。

黄超轶，男，39 岁，任职于中国航天建设集团有限公司，高级工程师、注册建造师、全国注册造价工程师，北京市财政部、商务部、招商局、军队、兵器集团专家库专家，有多年工程造价、经营管理工作经验。取得发明 3 项、发表文章 4 篇、获得实用新型专利 6 项，现任中国航天建设集团有限公司中航天建设工程有限公司三公司副总经理。

季天华，男，49 岁，任职于天健工程咨询有限公司，全国注册造价工程师、注册建造师、咨询工程师（投资）、监理工程师、北京招投标和造价管理协会专家，有多年项目管理、造价管理及成本管理经验，现任天健工程咨询有限公司总工程师。

常海立，男，47岁，任职于天健工程咨询有限公司，高级工程师，为多家注明地产企业及施工总承包企业提供全过程造价咨询服务，具有多年招标、投标预算项目经验，精通多省市土建、安装、市政预算。

### 5.1.2 参评企业介绍

北京思泰工程咨询有限公司创立于1996年11月，是一家专业的工程造价咨询机构。首批获得住房城乡建设部颁发的工程造价咨询甲级资质证书，是财政部和各省财政厅PPP中心咨询机构库入围机构；中国第一批获得住房城乡建设部批准的工程造价咨询甲级资质企业之一；中央财政第一批授予政府采购代理甲级证书的专业机构之一；财政部财政投资评审定点服务机构之一，拥有国家发改委颁发的工程咨询和中央投资项目招标代理机构。通过中国质量认证中心质量、环境、职业安全认证机构，是中国企业信用调查评价中心认证3A级企业。

北京思泰工程咨询有限公司核心业务包括公私合作投融资研究、策划、咨询、评估、中介、培训、工程咨询、造价咨询、项目管理、招投标代理、财政投资评审及财政支出绩效评价咨询等。该司拥有良好的专业资源和行业影响力，并集合了法律、技术、金融、财务、环保等方面国内权威专家团队资源，具备提供最专业的全程一体化服务优势。

天健工程咨询有限公司成立于1999年，全国共设有17个分支机构。该公司于2003年通过建设部资质核定，取得甲级工程造价咨询资质；2016年经北京市建设工程造价管理协会评审，获评首批企业信用评价等级AAAAA级（最高等级为AAAAA），经中国建设工程造价管理协会评审获企业信用评价等级AAA级（最高等级为AAA级），连续多年入围全国工程造价咨询企业百强，最新全国百强排名中列第12位。

业务涵盖工程预算结算编制审核、建设项目全过程投资控制、工程造价信息BIM技术服务等方面，涉及房屋建筑、城市轨道交通、航空、水电、新能源等领域，在公共建筑、城市综合体、高端写字楼、工业项目、能源项目、电力项目、环境提升项目等工程领域拥有丰富经验。

中国航天建设集团有限公司成立于1965年（前身为第七机械工业部第七研究院、中国航天建筑设计研究院），近半个世纪以来，承担着航天领域绝大部分工程项目的咨询、设计、勘察和建设任务，在载人航天、月球探测、北斗导航等重大项目中为国防工业和航天事业做出了重要的贡献。目前拥有工程设计综合甲级资质，城乡规划编制甲级、工程勘察综合甲级、测绘甲级、工程咨询甲级、工程监理甲级、工程造价咨询甲级、安全评价机构甲级、地质灾害危险评估等甲级资质，是全国仅有的 8 家同时拥有设计综合甲级和城乡规划甲级"双甲级"资质的企业之一；拥有房屋建筑工程施工总承包、市政公用工程施工总承包、机电安装工程施工总承包、消防设施工程专业承包、建筑智能化工程设计与施工等建筑业企业资质。

航天建设集团设有设计分院（所）、事业部、全资子公司、控股公司等 40 多家下属单位。中航天建设工程有限公司隶属中国航天建设集团有限公司，拥有房屋建筑工程施工总承包特级资质；工程设计建筑行业建筑工程甲级、人防工程甲级资质；机电设备安装工程、起重设备安装工程、建筑装修装饰专业承包壹级；市政公用工程、钢结构、石油化工、电子智能化、消防设施、环保工程等专业齐全，并且拥有军工涉密咨询业务服务安全保密证书。

## 5.2　成本测算评审议题

本次成本测算针对传统现浇、传统 PC 及 SPCS 三种结构体系的建筑单方及细部造价从工程造价构成等多维度分析评审。评审会议于 2019 年 4 月 11 日在北京三一集团总部召开。

### 5.2.1　成本测算评审标的情况

测算工程选取拟建于山东省德州市禹城市站南片区住宅小区项目 2 号楼工程，地上建筑面积 3823m²，地上共 11 层，钢筋混凝土剪力墙结构体系，本次测算主要针对地上各项指标进行对比。

### 5.2.2　成本测算评审依据

（1）各结构体系图纸及相应的施工方案；

（2）《房屋建筑与装饰工程计量规范》GB 50854—2013 及山东省建筑工程消耗量定额（2016）；

（3）人工费按照山东市场价格计入；

（4）主要材料价格：SPCS 构件按照三一长沙工厂提供的主要数据计算；传统 PC 构件按照市场价（三一上海工厂提供的近期订单价格结合山东禹城市场价格）计算；现浇混凝土按山东禹城市场价格计算，其他材料价一律按市场价计入；

（5）管理费、安全文明费及规费执行山东省现行定额的取费标准及相关政策文件；

（6）税率按照 2019 年 4 月 1 日新税率执行；

（7）SPCS 构件价格按照三一长沙工厂提供的现行工效 0.35m³/工日计入，传统预制构件参照上海工厂的工效 0.43m³/工日计入。

### 5.2.3 专家建议及评审结论

本次成本测算传统 PC 构件及 SPCS 构件价格均依据自建工厂实际生产及近期订单合同价格信息，人工及材料价格结合禹城实际情况调整匹配，经过翔实汇报讲解和沟通交流，四位专家认真对比和激烈讨论，结合自身专业所长和多年从业经验，给予以下几点中肯的建议：

（1）成本测算 SPCS 构件价格中混凝土采用商品混凝土价格，如采用构件厂自有混凝土搅拌站价格，进一步降低 SPCS 构件成本，体现优势。

（2）SPCS 构件安装成本测算中脚手架搭设方案由外双排脚手架优化为三脚架，可进一步降低成本。

（3）本次成本测算考虑的传统 PC 构件价格偏于保守，低于目前中建科技销售价格，若合理参考目前市场平均价格，SPCS 结构体系比 PC 结构体系单方造价优势更加明显，同时也增加了同现浇结构的差距。

最终得出以下评审结论：

（1）成本测算依据充分合理，数据真实有效，符合当前市场行情；

（2）SPCS 构件价格随着工厂规模化生产及工效提高，如达到市场平均工效水平 1m³/工日，SPCS 结构体系可与传统现浇结构体系的单方成本持平；

（3）若工厂实现 SPCS 构件分类生产、模具共享，生产成本可大幅降低；

（4）随着 SPCS 构件现场安装技术不断成熟、优化，安装成本会进一步降低，实现质量可靠、工期节省、造价节约，适合在行业内推广普及。

## 5.3 评审结论专家签字

### SPCS 成本测算专家评审会

会议地点：三一集团北京办公区 325 会议室

会议时间：2019 年 4 月 11 日

参会人员：

三一筑工科技有限公司：汤丽波、张猛、江艳青、王友志、张涛、高欢欢

专家人员：熊鸿雁、黄超轶、季天华、常海立

会议议题：对传统现浇、传统 PC 及 SPCS 三种结构体系的建筑单方造价对比测算进行评审。

**测算标的情况：**

1. 测算工程选取拟建山东省禹城市住宅小区 2 号楼，地上建筑面积 3823m²，地上 11 层，钢筋混凝土剪力墙结构体系。本次测算主要针对地上各项指标进行对比。

2. 成本测算依据：

（1）各结构体系的图纸及相应的施工方案。

（2）2013 工程量清单计价规范及山东省建筑工程消耗量定额（2016）。

（3）人工费按照山东市场价格计入；主要材料价格：SPCS 构件按照长沙工厂提供的主要数据计算；传统 PC 构件按照市场价（上海工厂提供的近期订单价格结合山东禹城市场价格）计算；现浇混凝土按山东禹城市场价格计算。其他材料价一律按市场价计入。

（4）管理费、安全文明费及规费执行山东省现行定额的取费标准及相关政策文件。

（5）税率按照2019年4月1日新税率执行。

（6）SPCS构件价格按照三一长沙工厂提供的现行工效0.35m³/工日计入，传统预制构件参照上海工厂的工效0.43m³/工日计入。

专家建议：

（1）成本测算SPCS构件价格中混凝土采用商品混凝土价格，如采用构件厂自有混凝土搅拌站价格，进一步降低SPCS构件成本，体现优势。

（2）SPCS构件安装成本测算中脚手架搭设方案由外双排脚手架优化为爬架，可进一步降低成本。

（3）本次成本测算考虑的传统PC构件价格偏于保守，低于目前中建科技销售价格，若合理参考目前市场平均价格，SPCS结构体系比PC结构体系单方造价优势更加明显。

专家评审结论：

（1）经过四位专家认真讨论及评审：成本测算依据充分合理，数据真实有效，符合当前市场行情。

（2）SPCS构件价格随着工厂规模化生产及工效提高，如达到市场平均工效水平1m³/工日，SPCS结构体系可与传统现浇结构体系的单方成本持平。

（3）若工厂实现SPCS构件分类生产、模具共享，生产成本可大幅降低。

（4）随着 SPCS 构件现场安装技术不断成熟、优化，安装成本会进一步降低，实现质量可靠、工期节省、造价节约，适合在行业内推广普及。

专家签名： 刘鸿雁　北京思泰工程咨询有限公司

黄超越　中国航天建设集团

李云华　天健工程咨询有限公司

李海兰　天健工程咨询有限公司

## 5.4  第三方工程咨询公司测算报告

禹城项目 2 号楼传统现浇、传统
预制、SPCS 三种结构体系

**成本测算编制报告**

天健 19075—（2019）001 号

**天健工程咨询有限公司**
中国·北京

二〇一九年五月四日

天键工程咨询有限公司    北京市石景山区金融街（长安）中心城道街 26 号院 4 号楼 10 层
电话：（010）88578718    传真：（00）88578708 转 0    邮编：100041

# 禹城项目2号楼传统现浇、传统预制、SPCS三种结构体系成本测算编制报告

**天健19075—（2019）001号**

**三一筑工科技有限公司：**

受贵公司委托，我公司派出以造价工程师、工程师及其他执业人员组成的编制组，于2019年4月20日至2019年5月4日，依据《CECA-GC5-2010建设项目施工图预算编审规程》及工程设计文件，结合工程的实际情况，对禹城项目2号楼传统现浇、传统预制、SPCS三种结构体系的成本测算进行了编制，现将编制情况报告如下：

## 一、项目的基本情况

1. 建设单位：三一筑工科技有限公司
2. 建设地点：山东省禹城市
3. 工程概况：本工程为山东省德州禹城市站南片区住宅小区项目2号楼，地上建筑面积3823.38m²，钢筋混凝土剪力墙结构体系，地上共11层。

## 二、编制范围

本项目根据三一设计院提供的图纸，根据三种不同的结构体系进行成本测算，这三种结构体系分别为传统现浇结构、传统预制结构（灌浆套筒连接）、SPCS结构体系（整体叠合结构）。

因三种结构体系主要差异在地上部分，根据甲方要求，本次测算编制范围仅包括2号楼的结构部分（含墙面保温，现浇结构含墙面抹灰）。

## 三、编制依据

1. 《建设工程工程量清单计价规范》GB 50500—2013及配套计量规范。
2. 国家或省级、行业建设主管部门颁发的计价依据和办法。
3. 三一设计院提供的设计图纸。
4. 与建设工程有关的标准、规范、技术资料。
5. 施工现场情况、工程特点及常规施工方案。
6. 人工费按禹城当地市场价格。
7. 主要材料：SPCS预制构件没有市场价格可参考，按三一长沙工厂提供构件的参数及当地市场价格换算计入；传统预制构件按照当地市场价计入；其他材料价按当地市场价计入。

## 四、编制程序

1. 了解基本建设工程项目的有关情况，获取编制成本测算的相关资料。

2. 拟定工作计划，召开协商会议。

3. 根据施工图纸等编制工程成本测算。

4. 成本测算初稿编制完成后，就初稿与委托单位沟通，听取意见，并进行合理的调整。

5. 由编制单位部门负责人对成本测算的初步成果文件进行复核。

6. 由编制单位质量技术部最终审定。

## 五、编制原则

依据国家、行业和地方有关规定及相关配套计量规范、设计文件、拟建项目现场具体情况、国家和当地建设行政主管部门发布的工程造价计价依据、价格信息、相关规定等，遵循独立、客观、科学的工作原则，实事求是、客观公正地对本工程三个结构系统进行成本测算编制。

## 六、编制结论

1. 传统现浇结构体系成本测算金额为人民币 3457957.72 元，单方成本指标：904.42 元/m²。

2. SPCS 结构体系成本测算金额为人民币 3848547.46 元，单方成本指标：1006.58 元/m²。

3. 传统预制结构体系成本测算金额为人民币 4449113.94 元，单方成本指标：1163.66 元/m²。

附件：工程成本测算书

咨询单位营业执照、资质证书复印件

编审人：

复核人：

审定人：

# 编 制 说 明

## 一、工程概况

本工程为山东省德州禹城市站南片区住宅小区项目 2 号楼，地上建筑面积 3823.38m²，钢筋混凝土剪力墙结构体系，地上共 11 层。

## 二、编制范围

本项目根据三一设计院提供的图纸，根据三种不同的结构体系进行成本测算，这三种结构体系分别为传统现浇结构、传统预制结构（灌浆套筒连接）、SPCS 结构体系（整体叠合结构）。

因三种结构体系主要差异在地上部分，根据甲方要求，本次测算编制范围仅包括 2 号楼的结构部分（含墙面保温，现浇结构含墙面抹灰）。

## 三、测算目的

利用传统建筑行业公认的广联达软件计价的测算方式，并参照禹城当地人材机的市场价格，对地上部分三种结构体系进行成本测算。

## 四、编制依据

1. 《建设工程工程量清单计价规范》GB 50500—2013 及配套计量规范。
2. 国家或省级、行业建设主管部门颁发的计价依据和办法。
3. 三一设计院提供的设计图纸。
4. 与建设工程有关的标准、规范、技术资料。
5. 施工现场情况、工程特点及常规施工方案。
6. 人工费按禹城当地市场价格。
7. 主要材料：SPCS 预制构件没有市场价格可参考，按三一长沙工厂提供构件的参数及当地市场价格换算计入；传统预制构件按照当地市场价计入；其他材料价按当地市场价计入。

## 五、组价原则及相关费用计取说明

1. 依据山东省建筑工程消耗量定额（2016）、《山东省装配整体式混凝土结构建筑工程补充定额》（2015）进行组价。
2. 人工费单价按禹城当地市场价格。

3. 材料单价执行均按市场价计入，预制构件单价按单方整体计取。

4. 安全文明施工费、规费等取费费率执行德州市现行取费标准。

5. 税金按照 2019 年 3 月 20 日财政部税务总局海关总署公告〔2019 年第 39 号〕执行。

6. 脚手架、垂直运输等费用依据建设单位提供的施工方案进行计算。

**禹城项目 2 号楼传统现浇、传统预制、SPCS 三种结构体系**

**成本测算对比汇总表**                                                       表 1

建筑面积：3823.38m²

| 序号 | 名称 | 合价（元） | | | 单方价格（元/m²） | | |
|---|---|---|---|---|---|---|---|
| | | 传统现浇 | SPCS | 传统预制 | 现浇 | SPCS | 传统预制 |
| 1 | 分部分项工程费 | 2980626.70 | 3663960.46 | 4246752.59 | 779.58 | 958.30 | 1110.73 |
| 2 | 单价措施项目费 | 189030.67 | 139482.33 | 169478.61 | 49.44 | 36.48 | 44.33 |
| 3 | 其他项目费 | 0.00 | 0.00 | 0.00 | 0.00 | 0.00 | 0.00 |
| 4 | 安全文明施工费 | 141683.68 | 60062.66 | 64250.27 | 37.06 | 15.71 | 16.80 |
| 5 | 规费（社保、公积金、排污、工伤） | 70302.99 | 29802.90 | 31880.79 | 18.39 | 7.79 | 8.34 |
| 6 | 税金 | 304347.96 | 350397.75 | 406112.60 | 79.60 | 91.65 | 106.22 |
| 7 | 小计 | 3685992.0 | 4243706.10 | 4918474.86 | 964.07 | 1109.94 | 1286.42 |
| 8 | 进项税抵扣 | −228034.28 | −395158.64 | −469360.92 | −59.64 | −103.35 | −122.76 |
| 9 | 合计 | 3457957.72 | 3848547.46 | 4449113.94 | 904.42 | 1006.58 | 1163.66 |
| 10 | 差额（SPCS、PC 与现浇） | | | | | 102.16 | 259.24 |
| 11 | 差额（预制-SPCS） | | | | | | 157.08 |

（1）建筑平米含量指标汇总对比表

**主要经济指标含量对比表**                                                   表 2

| 类型 | 混凝土 | 钢筋 | 模板 | 保温 | 墙面抹灰 | 片状连接件 | 针状连接件 | 套筒 |
|---|---|---|---|---|---|---|---|---|
| | m³/m² | kg/m² | m²/m² | m³/m³ | m²/m² | 个/m² | 个/m² | 个/m² |
| 现浇 | 0.341 | 36.80 | 3.32 | 0.064 | 1.52 | 0 | 0 | 0 |
| 预制 | 0.404 | 39.27 | 0.94 | 0.054 | 0.00 | 0.40 | 1.39 | 1.40 |
| SPCS | 0.404 | 40.62 | 0.58 | 0.054 | 0.00 | 0.34 | 4.55 | |

## （2）混凝土含量对比表

混凝土含量对比表（m³/m²） 表3

| 序号 | 名称 | 现浇 | 传统预制 | | | SPCS | | | |
|---|---|---|---|---|---|---|---|---|---|
| | | | 小计 | 预制 | 现浇 | 小计 | 预制 | 空腔 | 现浇 |
| | 合计 | 0.341 | 0.404 | 0.237 | 0.167 | 0.404 | 0.171 | 0.121 | 0.112 |
| 1 | 外墙 | 0.133 | 0.173 | 0.129 | 0.044 | 0.173 | 0.069 | 0.081 | 0.023 |
| 2 | 内墙 | 0.081 | 0.093 | 0.042 | 0.051 | 0.093 | 0.036 | 0.040 | 0.017 |
| 3 | 梁 | 0.012 | 0.014 | 0.011 | 0.004 | 0.014 | 0.011 | | 0.004 |
| 4 | 叠合板 | 0.087 | 0.087 | 0.037 | 0.049 | 0.087 | 0.037 | | 0.049 |
| 5 | 现浇楼板 | 0.009 | 0.015 | 0.000 | 0.015 | 0.015 | 0.000 | | 0.015 |
| 6 | 空调板 | 0.004 | 0.005 | 0.005 | 0.000 | 0.005 | 0.005 | | 0.000 |
| 7 | 阳台板 | 0.006 | 0.005 | 0.005 | 0.000 | 0.005 | 0.005 | | 0.000 |
| 8 | 楼梯 | 0.011 | 0.012 | 0.009 | 0.004 | 0.012 | 0.009 | | 0.004 |

## （3）钢筋含量对比表

钢筋含量对比表（kg/m²） 表4

| 序号 | 名称 | 现浇 | 传统预制 | | | SPCS | | |
|---|---|---|---|---|---|---|---|---|
| | | | 小计 | 预制 | 现浇 | 小计 | 预制 | 空腔 |
| | 合计 | 36.803 | 39.275 | 22.862 | 16.413 | 40.618 | 23.930 | 16.689 |
| 1 | 外墙 | 16.358 | 15.892 | 10.555 | 5.337 | 18.587 | 10.881 | 7.706 |
| 2 | 内墙 | 9.819 | 9.459 | 2.974 | 6.484 | 8.107 | 3.716 | 4.391 |
| 3 | 梁 | 1.866 | 2.098 | 1.535 | 0.563 | 2.098 | 1.535 | 0.563 |
| 4 | 叠合板 | 5.983 | 8.170 | 5.313 | 2.857 | 8.170 | 5.313 | 2.857 |
| 5 | 现浇楼板 | 0.560 | 0.647 | 0.000 | 0.647 | 0.647 | 0.000 | 0.647 |
| 6 | 空调板 | 0.437 | 0.388 | 0.388 | 0.000 | 0.388 | 0.388 | 0.000 |
| 7 | 阳台板 | 1.061 | 1.314 | 1.314 | 0.000 | 1.314 | 1.314 | 0.000 |
| 8 | 楼梯 | 0.719 | 1.308 | 0.783 | 0.525 | 1.308 | 0.783 | 0.525 |

## （4）模板含量对比表

模板含量对比表（m²/m²）                            表 5

| 序号 | 名称 | 现浇 | 传统预制 | SPCS |
|------|------|------|----------|------|
|      | 合计 | 3.322 | 0.939 | 0.578 |
| 1 | 外墙 | 1.389 | 0.417 | 0.188 |
| 2 | 内墙 | 0.842 | 0.336 | 0.204 |
| 3 | 梁 | 0.113 | 0.005 | 0.005 |
| 4 | 叠合板 | 0.719 | 0.000 | 0.000 |
| 5 | 现浇楼板 | 0.078 | 0.152 | 0.152 |
| 6 | 空调板 | 0.040 | 0.000 | 0.000 |
| 7 | 阳台板 | 0.042 | 0.000 | 0.000 |
| 8 | 楼梯 | 0.099 | 0.030 | 0.030 |

单位工程成本测算汇总表                            表 6

工程名称：2号楼——传统现浇结构            标段：禹城市站南片区项目

| 序号 | 项目名称 | 金额(元) | 其中:材料暂估价(元) |
|------|----------|----------|---------------------|
| 一 | 分部分项工程费 | 2980626.7 | |
| 1.1 | 外墙 | 1457764.88 | |
| 1.2 | 内墙 | 704808.88 | |
| 1.3 | 梁 | 92039.97 | |
| 1.4 | 板 | 492896.83 | |
| 1.5 | 卫生间板 | 51323.93 | |
| 1.6 | 空调板 | 31737.56 | |
| 1.7 | 阳台板 | 49301.72 | |
| 1.8 | 楼梯 | 100752.93 | |
| 二 | 措施项目费 | 189030.67 | |

| 序号 | 项目名称 | 金额(元) | 其中:材料暂估价(元) |
|---|---|---|---|
| 2.1 | 单价措施项目 | 189030.67 | |
| 2.2 | 总价措施项目 | | |
| 三 | 其他项目费 | | |
| 3.1 | 暂列金额 | | |
| 3.2 | 专业工程暂估价 | | |
| 3.3 | 特殊项目暂估价 | | |
| 3.4 | 计日工 | | |
| 3.5 | 采购保管费 | | |
| 3.6 | 其他检验试验费 | | |
| 3.7 | 总承包服务费 | | |
| 3.8 | 其他 | | |
| 四 | 规费 | 211986.67 | |
| 五 | 设备费 | | |
| 六 | 税金 | 304347.96 | |
| 单位工程费用合计＝一＋二＋三＋四＋五＋六 | | 3685992 | |

**单位工程成本测算汇总表**  表7

工程名称：2号楼——SPCS结构                           标段：禹城市站南片区项目

| 序号 | 项目名称 | 金额(元) | 其中:材料暂估价(元) |
|---|---|---|---|
| 一 | 分部分项工程费 | 3663960.46 | |
| 1.1 | A预制部分 | 2709570.18 | |
| 1.2 | B现浇部分 | 954390.28 | |
| 二 | 措施项目费 | 139482.33 | |
| 2.1 | 单价措施项目 | 139482.33 | |
| 2.2 | 总价措施项目 | | |

| 序号 | 项目名称 | 金额(元) | 其中:材料暂估价(元) |
|---|---|---|---|
| 三 | 其他项目费 | | |
| 3.1 | 暂列金额 | | |
| 3.2 | 专业工程暂估价 | | |
| 3.3 | 特殊项目暂估价 | | |
| 3.4 | 计日工 | | |
| 3.5 | 采购保管费 | | |
| 3.6 | 其他检验试验费 | | |
| 3.7 | 总承包服务费 | | |
| 3.8 | 其他 | | |
| 四 | 规费 | 89865.56 | |
| 五 | 设备费 | | |
| 六 | 税金 | 350397.75 | |
| 单位工程费用合计＝一＋二＋三＋四＋五＋六 | | 4243706.1 | |

## 单位工程成本测算汇总表　　　　表8

工程名称：2 号楼——传统预制结构　　　　　　　　　　　标段：禹城市站南片区项目

| 序号 | 项目名称 | 金额(元) | 其中:材料暂估价(元) |
|---|---|---|---|
| 一 | 分部分项工程费 | 4246752.59 | |
| 1.1 | A 预制部分 | 3385741.27 | |
| 1.2 | B 现浇部分 | 861011.32 | |
| 二 | 措施项目费 | 169478.61 | |
| 2.1 | 单价措施项目 | 169478.61 | |
| 2.2 | 总价措施项目 | | |
| 三 | 其他项目费 | | |
| 3.1 | 暂列金额 | | |

| 序号 | 项目名称 | 金额(元) | 其中:材料暂估价(元) |
|---|---|---|---|
| 3.2 | 专业工程暂估价 | | |
| 3.3 | 特殊项目暂估价 | | |
| 3.4 | 计日工 | | |
| 3.5 | 采购保管费 | | |
| 3.6 | 其他检验试验费 | | |
| 3.7 | 总承包服务费 | | |
| 3.8 | 其他 | | |
| 四 | 规费 | 96131.06 | |
| 五 | 设备费 | | |
| 六 | 税金 | 406112.6 | |
| 单位工程费用合计=一+二+三+四+五+六 | | 4918474.86 | |

# 第 6 章　SPCS 结构体系竞争力展望

装配式建筑是将传统粗放的建造模式改变为以工厂制造为主,结合智慧化、信息化、工业化技术的新型建造模式,是建筑产业现代化改革的方向。随着我国装配式建筑的深入发展,其在提高建造效率、提升建造质量、改善建造环境、可持续发展以及缩短建造周期方面的优势越来越突出地显现了出来。

随着近几年装配式建筑产业的蓬勃发展,我国逐渐发展出了装配整体式和全装配式两种主要的结构体系,其中因装配整体式结构体系抗震性能明显优于全装配式,同时又能充分发挥预制建筑构件的优势而得到了长足的发展。

根据目前主流装配式混凝土建筑施工成本核算情况来看,大约比现浇结构增加费用在 25% 左右,但 SPCS 结构体系与主流装配式混凝土建筑相比有如下几个方面可显著节省成本:

(1) SPCS 结构体系的空腔设计;

(2) SPCS 结构体系不使用灌浆套筒与灌浆料;

(3) SPCS 结构体系外墙只需单侧支设模板;

(4) SPCS 结构双面叠合剪力墙墙体四周无出筋,配合全自动生产线与翻转台可大幅减少操作工人数量。在德国的双皮墙 PC 生产工厂,整个车间仅有个位数的工人,即可生产出高质量的 PC 构件。

就目前的技术而言,SPCS 结构体系尚存在一些不足,如叠合柱和叠合墙中间现浇部分混凝土的检测存在一定难度,又如因为叠合柱间的纵筋连接需通过钢筋套筒,从而对生产精度要求很高,但通过建筑检测技术的不断完善以及生产精度控制技术的不断改进,SPCS 装配整体式叠合结构体系在目前应用中遇到的一些问题必将得到解决。

展望未来,因我国对建筑抗震性能以及预制构件节点连接可靠性方面的需求,SPCS 装配整体式混凝土叠合体系因其特有的优势必将得到广泛的应用。因此,我们有充分的信心,SPCS 结构体系在配合专业的生产线的情况下能够达到与现浇混凝土结构接近的成本,在图纸、工厂及现场等多维度逐步优化及未来劳动力极度紧缺的现浇人工成本上升背景下,SPCS 结构成本必然低于传统现浇,从而实现"更好、更快、更便宜"的建造愿景。

# 参 考 文 献

［1］ 李丽红，耿博慧，齐宝库，雷云霞，栾岚. 装配式建筑工程与现浇建筑工程成本对比与实证研究［J］. 建筑经济. 2013，（09）：102-105

［2］ 齐宝库，朱娅，马博，刘帅. 装配式建筑综合效益分析方法研究［J］. 施工技术，2016，（04）：39-43

［3］ 张红霞. 装配式住宅全生命周期经济性分析［D］. 山东农业大学，2013

［4］ 蒋义军. 装配式建筑建设成本以及规模经济分析［D］. 重庆大学，2015

［5］ 罗时朋，李硕. 预制装配式对施工成本影响的量化分析［J］. 建筑经济，2016，（06）：48-53

［6］ 周玲珑. 基于全寿命周期的产业化住宅成本分析［D］. 重庆大学，2012

# 后　　记

一小步十：

　　完成成本对比测算，我们在建筑工业化的道路上又前进了一小步，步幅虽小，好在脚印清晰，方向正确，且保持前行。

　　基于三一集团的智能制造实力和我们对建筑工业化系统性、关键项问题的研究，三一筑工自主研发出以"预制带空腔构件＋连接体＋现浇混凝土"为基本构型的装配式混凝土结构体系——SPCS。

　　"安全"是建筑结构第一要求。SPCS体系尊重和传承传统现浇结构受力模式，通过连接钢筋及现场浇筑混凝土，将带空腔的预制构件有效连接，使预制与现浇混凝土形成相互叠合的共同受力体。经大量权威机构试验验证，该体系具有无限接近现浇结构的安全性能。

　　"工业化"是建筑业的未来。由机械代替人工，是建筑业提高效率、提升品质、降低成本的唯一途径。SPCS体系秉承三一集团智能制造基因，最大限度实现工厂生产自动化、现场安装机械化，以工业化思维优化建造流程，降低建设全过程的人工需求、能源消耗、材料损耗，践行"四节一环保"的建筑工业化理念。

　　"自主研发"是科技创新的根本，SPCS体系是三一筑工系统性研发成果，现已申报相关专利100余项，其中发明专利40项，已获授权专利64项。

　　作为优秀的装配结构技术，SPCS叠合剪力墙结构在成本上要优于传统灌浆套筒体系；但定位为"改变行业的建筑结构技术"，我们的目标始终紧紧锁定传统现浇剪力墙结构。经历百年更新迭代，现浇结构已形成完善的理论和实践体系，能实现这一超越，唯一可行的途径在于不断提升的建筑工业化水平。

　　以下是我们将继续前行的方向，希望在未来借技术突破拉动建筑行业的优化和变革：

设计：

　　（1）结合SPCH空间灵动家体系，优化结构布局，减少主体结构构件总量；

（2）完善BIM设计，为高度工业化自动化生产提供前提条件；

（3）制定构件设计标准，减少预埋，避免碰撞，提高生产效率；

（4）改进构件形态和各组成部分间连接方式，减少连接材料用量，如外墙构件形态的进一步优化；

（5）增加预制品率与构件预制部分比例，如实现叠合墙构件侧壁工厂封堵，进一步实现门窗与构件一体化生产，提高工业化水平；

（6）优化连接件尺寸，减少材料用量；

（7）研发新型保温装饰结构一体外墙板及配套生产工艺，节省外墙构件材料成本、生产制作成本与外装饰工程费用；

（8）简化构件形态和连接形式，用标准化构件满足复杂的建筑需求，在满足安全的前提下，提升生产、施工速度；

（9）引入新材料新工艺，减少材料成本，简化生产、施工过程。

生产：

（1）通过标准化设计提升SPCS构件的标准化率，实现模具组合式生产构件，大幅提升构件生产效率；

（2）具有完全自主知识产权的SPCS构件生产线，通过自动化、信息化技术手段保障构件生产又好、又快、又便宜；

（3）通过共享产业链实现SPCS构件专属产业链的一站式供应，从产业链层面保障构件的高质量及低成本；

（4）通过构件共享实现PC工厂构件专业化生产，均衡工厂产能，降低SPCS构件生产成本；

（5）全面推广精益制造理念及举措保障SPCS构件生产人均每工日1.0m³。

施工：

（1）用适用于装配式建筑的专用工装代替传统工装，少使用，多复用，可回收；

（2）通过优化工装降低人工劳动强度，进而用智能装备部分取代人工；

（3）优化工艺，固化操作，实现人员数量最优化。

长路漫漫，前行不止。三一筑工愿与业内同仁一起，积跬步，行万里，让天下建筑更好更快更便宜。